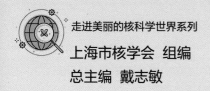

走进美丽的核科学世界系列

上海市核学会 组编

总主编 戴志敏

辐照技术
食品的安全卫士

戚文元　高美须◎主编

上海交通大學 出版社

SHANGHAI JIAO TONG UNIVERSITY PRESS

内容提要

本书为"走进美丽的核科学世界系列"之一。主要内容分三部分,第一部分用三章的篇幅讲解了食品辐照技术,包括辐照技术简介、辐照技术所用的三种射线及其辐照装置、认识和应用辐照技术的过程,建立标准和法规体系以保障辐照技术的安全应用。第二部分用十章的篇幅介绍辐照在食品领域的应用,详细介绍了已有商业规模应用的九类辐照食品,分别是进出口农产品、葡萄干、大蒜、香辛料、小龙虾、泡椒凤爪、预制菜肴、航天食品、宠物食品,也简单介绍了辐照在食品领域的其他应用。第三部分即第 14 章,该章回顾了食品辐照的发展史,展望了食品辐照应用的未来。本书的读者对象为对食品加工技术和核技术和平利用有兴趣的消费者和食品加工业人士。

图书在版编目(CIP)数据

辐照技术:食品的安全卫士/戚文元,高美须主编
. —上海:上海交通大学出版社,2022.11
(走进美丽的核科学世界系列)
ISBN 978 - 7 - 313 - 27485 - 4

Ⅰ.①辐⋯ Ⅱ.①戚⋯②高⋯ Ⅲ.①食品辐照
Ⅳ.①TS205.9

中国版本图书馆 CIP 数据核字(2022)第 175192 号

辐照技术——食品的安全卫士
FUZHAO JISHU——SHIPIN DE ANQUAN WEISHI

主　　编:戚文元　高美须
出版发行:上海交通大学出版社　　　　　地　　址:上海市番禺路 951 号
邮政编码:200030　　　　　　　　　　　电　　话:021 - 64071208
印　　制:上海景条印刷有限公司　　　　经　　销:全国新华书店
开　　本:880mm×1230mm　1/32　　　 印　　张:5.75
字　　数:129 千字
版　　次:2022 年 11 月第 1 版　　　　　印　　次:2022 年 11 月第 1 次印刷
书　　号:ISBN 978 - 7 - 313 - 27485 - 4
定　　价:58.00 元

走进美丽的核科学世界系列

丛书编委会

本书参编人员

参编人员（按拼音顺序排列）

白　婵　曹　宏　邓刚桥　冯　敏
高美须　高　鹏　黄　敏　孔秋莲
李兼然　廖　涛　戚文元　王海宏
肖　欢　徐远芳　颜伟强　岳　玲
张海伟　郑　琦

走进美丽的核科学世界系列

总　序

　　核科学的发展起源于物质放射性的发现。1896 年法国物理学家贝可勒尔发现铀的天然放射性后,迅速引起了一大批科学家的极大兴趣,他们为揭示物质组成的奥秘而展开了一场空前的竞赛。

　　居里夫妇系统地研究了当时已知的其他所有元素,发现铀与钍及其化合物都具有天然放射性,并发现了比铀放射性更强的元素钋与镭。他们于 1898 年发表了研究成果,证实了能够发射射线是放射性元素的特性。由于放射性的发现,居里夫妇与贝可勒尔分享了 1903 年的诺贝尔物理学奖。就在居里夫妇发现镭的当年(1897 年),英国物理学家汤姆孙发现了电子,并因此获 1906 年的诺贝尔物理学奖。随后,汤姆孙的学生卢瑟福证实了由放射性衰变产生的 α 射线就是高速运动的氦原子核,为此获 1908 年的诺贝尔化学奖。1919 年,卢瑟福利用人工核反应发现了质子,并预言了中子的存在,该预言于 1932 年为其学生查德威克所证实,查德威克因发现中子而获得了 1935 年的诺贝尔物理学奖。汤姆孙、卢瑟福、查德威克的发现揭示了原子核的存在,从此人类开启了对原子核结构性质与应用的研究。

　　1938 年,德国物理学家哈恩在实验中发现了铀原子核的裂变现象。随后,被誉为“原子弹之母”的莉泽・迈特纳在遭受纳粹迫害流亡他乡的路途中运用爱因斯坦的质能方程给出了核裂变实验及其释放巨大能量的解释。哈恩因发现核裂变获得了1944年的诺贝尔化学奖。1942年,意大利著名物理学家费米在美国芝加哥大学实现了人类历史上第一个核裂变链式反应,人类深入研究与利用核能的历史帷幕自此拉开。核能的发现首先被用于军事,第二次世界大战期间,德国的"纳粹核计划"催生了美国的"曼哈顿计划",最终核武器首先在美国研制成功。我国分别于1964年、1967年和1974年拥有了自己的原子弹、氢弹与核潜艇,由此拥有了战略核力量并建立了完整的核燃料循环体系。

从物质深层结构的探索到核技术的广泛研究应用,核科学在20世纪初开始蓬勃发展,成为20世纪人类最重大的创造之一。随着学科间的交叉融合,核科学技术在核物理、反应堆、加速器、核电子学、辐射工艺、核农学、核医学、核材料,以及环境、生物、考古、地质与国防安全等领域广泛应用,与人类的生存和发展息息相关。

核能是目前世界上清洁、高效、安全并可规模化应用的绿色能源之一,在人类开发新能源的征程中,核能对保障人类的生存发展和维护国家地位与安全发挥了重大作用。当下,核能应用水平已成为衡量综合国力的一项重要指标,也是当前各国解决能源不足问题和应对气候变化的重要战略。在确保安全的前提下,积极有序地发展核能对我国确保能源长期稳定供应及实现2060年碳中和目标尤为重要。核科学备受人们关注的另一个重要应用是面向人民生命健康的核医学。作为核裂变副产品的放射性同位素可以用来诊断和治疗肿瘤,以及心血管、甲状腺、骨关节和其他器官疾病;核标记免疫分析让病变无处遁形;基

辐照技术——食品的安全卫士

于粒子加速器的质子、重离子治疗可以有效杀死癌细胞而对正常细胞影响很小，是精准医学诊治领域不可或缺的工具；核技术还可破译中医药千年"密码"，为人类健康保驾护航。在农业上，辐射育种可获得优良品种；辐照保鲜不仅可以提高农产品与食品的质量，而且可以延长其储藏时间，成为食品的安全卫士。另外，辐射加工可以使各类材料改性从而获得优质性能；还可用于医疗器材消毒、环境污染物处理等，能极大地改善人们的生存环境。形形色色的粒子加速器则是各类辐射粒子源的"加工厂"，是研究核科学、发展核技术的重要手段。

然而，由于公众对核科学缺乏基本的认识，再加上一些误导和不恰当的宣传，"恐核"现象依然存在。因此，核科学知识亟待普及。

上海市核学会一直致力于核科学技术的传播与推广，组织编写和出版过一系列学术专著及科普丛书。在学术专著方面，近年来，原理事长杨福家先生作为总主编的"核能与核技术出版工程"已出版近 30 种图书，入选了"十二五"与"十三五"国家重点图书出版规划项目；其中，原理事长赵振堂先生主编的子系列"先进粒子加速器系列"是本丛书中的特色系列，得到了国家出版基金的支持；另外，丛书中部分英文版图书已输出至国际著名出版集团爱思唯尔与施普林格，在学术界与出版界都取得了良好的社会效益。在科普书方面，上海市核学会曾在 20 世纪 80 年代组织编写过一套核技术丛书，主编由时任上海市核学会理事长的张家骅先生担任，当时对普及与推动核技术应用起到了积极作用。40 年过去了，核技术有了更多更新的发展，应用领域不断拓展，核科普宣传也应该顺应时代发展，及时更新知识。经与上海交通大学出版社多次讨论，上海市核学会决定启动新时代的核科普丛书"走进美丽的核科学世界系列"的编撰工作。本科普丛书的编写队伍由上海市核学会各专业分会学者、高级科普专家,以及全国核科学领域爱好科普宣传的优秀学者联合组成。丛书按不同主题划分为不同分册,分别介绍核科学的基础研究以及在各个领域的应用。丛书运用大众能接受的语言,并辅以漫画或直观图示,将趣味性、故事性、人文历史元素与具体科学研究的产生、发展和应用融合在一起,展现科学、思想方法的过程美,突出核科学技术的应用美。希望本丛书的出版能让大众真正认识和理解核科学,并且发现核科学的"美",从而提高科学素养,走近核科学,受益于核科学,推动核科学更好地为人类服务。

戴志敏

2021 年 3 月

前　言

　　2020 年初,突如其来的新冠疫情掀起了一场没有硝烟的战争,至今仍未结束。疫情初始,各种物资紧张,特别是医务人员的防护服、手术衣及乳胶手套等严重告急。虽然生产厂家加班加点日夜赶工,但由于常规消杀灭菌需要 7～14 天,灭菌时间过长成了"卡脖子"的问题。在这关键时刻,辐照技术发挥了独特优势——只需数小时就能完成灭菌工作。国家同位素与辐射行业协会和相关部委紧密配合,快速制定应用标准。全国数百个辐照站闻令而动,在短短的 15 天内就完成了 139 万套医用防护服和大量医用物资的消杀灭菌。这些物资被紧急运往抗疫一线,为疫情防控赢得了时间。

　　多家媒体及时报道了辐照灭菌参与抗疫的事件,后续相关辐照单位与企业得到各级政府的抗疫表彰,辐照消杀灭菌技术因此进入了更多百姓的视线。

　　你也许是由此才知道辐照杀菌技术的,是不是还很担心"辐照"使用是否安全?如果说辐照技术还可以用在食品上,杀灭食品上的虫和菌,并且已经成为我们生活中的食品安全卫士,你是不是更惊讶?

　　辐照加工除了可用于医疗产品灭菌加工,还有许多其他应用,如农业辐照技术培育新品种,辐照交联加工热缩材料,食品辐照除虫、消毒、灭菌,其中,与我们最息息相关的是食品。辐照技术加工的食品多种多样,如泡椒凤爪、调味粉、葡萄干等休闲食品都是采用辐照技术杀菌除虫的。辐照技术既保证了食品的安全,也可延长储藏期,可以说辐照食品是我们生活中"熟悉的陌生人"。本书将介绍食品辐照技术的发现、发展和在食品领域的应用。接下来,就跟随我们的食品安全小卫士——辐安安,来一次走近食品辐照、了解辐照食品的时空之旅吧!

本书由戚文元、高美须主持编写。各章撰写人员如下:第1章,高美须、戚文元;第2章,高美须、白婵、孔秋莲、颜伟强;第3章,高美须、戚文元;第4章,李羡然;第5章,岳玲、颜伟强;第6章,王海宏、颜伟强;第7章,张海伟;第8章,廖涛;第9章,高鹏、黄敏;第10章,肖欢、曹宏;第11章,徐远芳、邓钢桥;第12章,冯敏;第13章,郑琦;第14章,高美须、戚文元。

本书中辐安安和食品辐照射线三兄弟及相关插画由东华大学孙睿设计制作。

由于编者水平有限,书中存在的不足与疏漏之处,敬请读者批评指正。

目　录

辐照技术——食品的安全卫士

目录

第 1 章

认识食品辐照与辐照射线三兄弟

用核技术服务于人类,和平利用核技术,是人类探索研究核技术的初心。食品辐照技术是核技术和平利用的重要领域,是一种安全、卫生、经济有效的食品加工技术。从 20 世纪 70—80 年代起,国内外高度重视食品辐照技术,国际组织如联合国粮农组织(FAO)、国际原子能机构(IAEA)和世界卫生组织(WHO)

都积极鼓励和支持食品辐照技术的研究和应用，到目前为止，食品辐照已在包括我国在内的几十个国家实现了商业化应用，已经成为一门迅速发展的新型食品加工产业。

食品辐照——利用高能射线处理食品

食品辐照的原理就是利用电离辐射产生的射线处理食品。电离辐射在食品中产生辐射效应，从而达到抑制种子发芽、延迟或促进成熟、防腐、杀虫、灭菌等目的。与液态乳常用的巴斯德灭菌法以及罐装食品常用的加压蒸气灭菌法类似，食品辐照技术利用电离辐射的目的也是杀灭食品中可能导致食源性疾病的细菌和寄生虫。因此，从食品安全角度而言，食品辐照是一种可以预防食源性疾病的安全有效的灭菌保鲜技术。

说到食品加工技术，我们最熟悉的应该就是热杀菌技术了。与热杀菌处理相比较，食品辐照处理有以下优点：

（1）可以处理包装好的食品。由于射线穿透力强，被加工食品可先经过包装、罐装密封和装箱打包后再进行辐照，这样可以有效地保持杀菌的效果，避免食品包装过程中所造成的二次污染。

（2）可以对冷冻冷藏的食品进行减菌处理。食品辐照是一种"冷加工"技术，可以在食品冷藏冷冻状态下处理产品。在我国冷链储存运输越来越普及、人民消费即食食品越来越多的今天，辐照技术更有优势。比如冷冻的食品，特别是化冻后直接食用的食品，只有辐照杀菌才可以保障食用的安全性。

（3）营养成分损失小。辐照杀菌时温度基本没有变化，被加工后的食品风味、营养成分和外观变化较小，特别适合对热处理敏感的食品(如泡椒凤爪)。

(4) 节约能源,无三废排放。与热处理比较,使用射线源作为能源,可以节省 60% 以上的能源,并且不会向环境释放污染物,食品中也不会有任何残留。

食品辐照技术是用什么射线处理食品的? 我国的国家标准里规定了三种食品辐照射线:钴源或铯源产生的 γ 射线、电子加速器产生的能量不高于 10 兆电子伏特的电子束(β 射线)、电子加速器转靶产生的能量不高于 5 兆电子伏特的 X 射线。先不谈辐照设备,我们讲讲 γ 射线、电子束和 X 射线是怎么发现的,有什么特点,怎样趋利避害才能用作处理食品。

食品辐照的射线三兄弟

我们的老祖宗一直相信"眼见为实",但与我们能看到的太阳光不同,食品辐照利用的 γ 射线、电子束和 X 射线是我们肉眼看不见的存在。

既然不可见,这些射线又是如何发现的呢? 让我们回到 100 多年前。

19 世纪下半叶,机械业如造船、纺织和冶金等在英国兴起,随后逐渐传播至整个欧洲大陆,这标志着工业资本主义的到来,也为 19 世纪末 20 世纪初成为一个发明的时代打下了科学技术的基础。1879 年,爱迪生成功研制碳丝灯泡;1903 年,莱特兄弟制成了飞机;1906 年,钨丝灯泡面世,电灯开始走入人类的生活,给夜晚带来光明;放射性射线的发现也是在这个时代。

X射线的发现

　　X射线是最早被发现的。资料上记载，1895年11月的一个傍晚，德国科学家威尔姆·康拉德·伦琴教授在实验室忙碌，黑暗的房间内，他正进行放电管的"阴极射线"研究。为了完全杜绝外界光线影响，防止产生的可见光漏出管外，他还用黑色硬纸给实验用的放电管做了个不漏光的封套。奇怪的是，放电管附近密封包装内的照相底片仍有"跑光"现象。更为惊奇的是，当伦琴伸出手掌阻挡在放电管与荧光屏之间时，荧光屏上竟然清晰地出现他自己手骨和手的轮廓。经过反复验证，他证明这是一种尚未为人所知、穿透力特别强的新射线。伦琴采用表示未知数的"X"来命名这种新射线。当时很多科学家主张命名为伦琴射线，伦琴自己坚决反对，但是"伦琴射线"的叫法在德语国家仍被广泛使用。伦琴也因为这一发现获得了1901年的诺贝尔物理学奖。

X-RAY

射线三兄弟之
X射线

　　X射线是电子加速器装置的主角之一。电子加速器装置上配备金属靶，通过转靶将电子束转换成X射线，具有高穿透力和快速处理食品的优点。第一座X射线辐照食品装置在2000年开始了商业运行。

X 射线的发现让科学家们很自然地思考：是否还有其他我们肉眼看不见的射线呢？

γ 射线的发现

很快，1896 年 2 月，法国物理学家亨利·贝可勒尔发现铀盐经日光照射后，能发射一种类似 X 射线的射线，也能穿过黑纸、玻璃等，同样可以使密封包装的照相底片感光。起初，他认为这种射线是日光照射的结果，但后来证明它与日光无关。接着，他又通过对各种铀盐的观测，得出了"铀是一种能发射出射线的元素"的结论，首次发现了放射性元素的存在。贝可勒尔发现的天然放射性现象也称为"贝可勒尔现象"。放射性元素是不稳定的激发态，当从激发态直接退激或者级联退激到基态稳定元素时，放出 γ 射线。1903 年，居里夫妇和贝可勒尔因对放射性的研究而共同获得诺贝尔物理学奖。

食品辐照用的 γ 射线就是由放射性元素发出的。食品辐照装置钴源所用的钴-60，并不是从自然界中直接获得的，而是在特定的核反应条件下生产出来的。用中子照射普通金属钴（钴-59），钴原子核便可"吃"下 1 个中子，转化为钴-60。钴-60 的原子核很不稳定，因此能够不断地释放出 γ 射线。简单来说就是，钴通过核反应产生了钴-60，而钴-60 的衰变又释放出 γ 射线。

说到钴元素，不得不提一下它的英文名称——"cobalt"，它来自德文的"kolbold"，意思是"地下的魔鬼"。1789 年，法国化学家拉瓦锡将它列为元素之一并命名。钴元素被称为地下的魔鬼，并不是因为放射性，自然界中的普通金属钴（钴-59）是没有放射性的。自然界中，钴以一种蓝色的矿物形式（即辉钴矿，其主要成分是 $CoAsS$）存在。我国闻名世界的"唐三彩"就是用它调制瓷釉的。16—18世纪，人们开采这种矿石用来制造美丽的蓝色玻璃，但经常因矿井崩塌而夺去许多人的性命，工人们误认为是矿石作祟。这才是钴元素名称的由来。

GAMMA RAY

射线三兄弟之
γ射线

γ射线是钴源装置的主角，钴源装置利用γ射线辐照食品，γ射线由钴-60放射性同位素产生，射线能量有1.17兆电子伏特和1.33兆电子伏特两种。钴源装置是最早广泛使用的辐照设施。世界第一座γ射线辐照装置于1974年在日本仕幌商业运行，当时主要用于辐照土豆来抑制发芽。

电子束的发现

电子束的构成元素——电子是在19世纪末发现的。当时，伦琴同期的许多科学家都在研究阴极射线。与伦琴一样，大多科学家用的都是充气X射线管。1897年，英国物理学家约瑟夫·约翰·汤姆森使用了一个与大家不同的射线管，他把阴极射线管内的残留气体抽到很少，发现阴极射线可在电场作用下发生偏转，由此确定阴极射线就是带负电的粒子，并且发现这种粒子比最轻的原子都要轻一千倍，这是最早发现的基本粒子，也就是我们后来说的"电子"。于是，人类意识到原子并不是组成物质的最小单位,探索原子结构的序幕由此拉开,能够生产一定能量电子束的电子加速器也在此基础上产生。

ELECTRON BEAM

射线三兄弟之
电子束

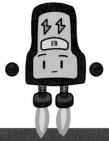

电子束是电子加速器装置的主角之一,电子加速器装置由电子枪发射电子,电子在加速管内沿设定轨道被加速,速度越快,能量越高,最终达到设计的目标能量后被引出装置,用于辐照食品。允许用于食品辐照的电子加速器最高能量限值是10兆电子伏特。

核辐射——会伤人,也能杀虫灭菌

科学家发现的这三种射线,其实都是与太阳光这种可见光一样的电磁波。夏天的时候,很多女士都擦防晒霜,预防的就是紫外线对皮肤的伤害。在太阳光中紫外线的波长算短的,能量比其他颜色的可见光强,可以给人带来伤害。但紫外线给人带来的伤害只要涂一层薄薄的防晒霜就可以避免。

比紫外线波长更短的 X 射线和 γ 射线的穿透力更强,能量也更高。看不见的射线是非常厉害的,当它的强度超过一定程度时,能杀死细胞、损害身体,但一开始发现这些射线时研究者们并不知道它们会伤人。贝可勒尔自己就吃过"苦头":一天,他出去演讲,顺手把一管镭盐装在了口袋里。过了几天后,在曾靠近镭管的皮肤上就出现了红斑,原来是镭的射线灼伤了他的皮肤。皮埃尔·居里为了探索放射性元素的秘密,曾拿自己的一个手指做实验。受放射性射线照射的手指,起初发红,随后就出现了溃疡与死肉,经过几个月才痊愈。这也是居里夫人常讲的小故事。

这种伤害就是核辐射危害,因为产生危害的射线可以引起物质电离,因此也称为电离辐射危害。在目前核技术应用产业的生产中,引起核辐射危害的主要是 α、β、γ 三种射线。α 射线外照射穿透能力很弱,只要用一张纸就能挡住,但如果吸入体内形成内照射则危害大;β 射线是电子流,与 α 射线一样,影响距离比较近,用一般的金属就可以阻挡,但是 β 射线容易被表层组织吸收,引起组织表层的辐射损伤,照射后皮肤烧伤明显;γ 射线的穿透力很强,能穿透人体和建筑物,危害距离远。除此以外,还有与 γ 射线相似的 X 射线。少量的辐射照射不会危及人类的健康,过量的辐射照射对人体会产生伤害,使人致病、致癌、致死。受照射时间越长,受到的辐射剂量就越大,危害也越大。

当科学家发现射线会伤人后,就开始思考射线是否也能杀死害虫和细菌。很快,明克(Minck)就于 1896 年证实 X 射线对原生虫有致死作用;1921 年,斯彻瓦特日(Schwatz)使用 X 射线杀死肉中的旋毛虫并获得美国专利;1930 年,乌斯特(Wüst)用 X 射线照射密封金属罐中的食品对其进行灭菌并获得法国专利。至此,人们对射线可以用到食品上以杀灭食品中的虫和细菌有了基本认识。

从有了基本认识到实际应用射线灭菌还需要很多努力和探索。

辐照技术——食品的安全卫士

　　首先要解决的问题是利用射线又不能让射线伤人。射线有穿透性且人们肉眼不可见,可能在不知不觉中人就被照射。因此使用有效的屏障把射线和人隔离开是必须的,就如三峡工程大坝束缚长江洪水一样,γ射线、电子束、X射线这三个调皮的兄弟,也必须要有安全的屏障把它们束缚在它们自己的家里,不能出门。下面我们就去看看三兄弟的家——辐照装置。

第 **2** 章

食品辐照装置——射线兄弟的家

要利用放射性射线就不能远离射线，但射线又会伤人，于是科学家就开始寻找可以屏蔽射线保护人类不受辐射伤害的材料。那什么样的材料才能阻止射线呢？科学家经过大量尝试、筛选，终于找出一些可以屏蔽 γ 射线、电子束和 X 射线的材料。屏蔽材料可以根据材料的性质分为两类：一类是高原子序数的金属材料，如铅、铁等；另一类是通用建筑材料，如混凝土、砖、土等。这些研究成果在现在的放射性防护上都有应用，如所有放射源的运输都是把放射源放在铅罐中，保证铅罐外放射性不高于环境放射性。若操作人员需要接近放射源，要用长长的工具来尽量远离，还要穿上铅衣防护。

找到了可以屏蔽射线、保护人们不受射线伤害的材料，就有可能利用射线做一些造福人类的事情了。正如渔夫捡到的那个可以封印魔鬼的瓶子一样，人们建造了可以屏蔽射线并用于辐照加工食品的装置。

从辐照装置的发展历程来说，先有钴源装置，再有电子加速器装置，直到最近十几年 X 射线装置才开始商业应用。钴源装置利用钴-60 放射性同位素产生 γ 射线辐照食品，是最早广泛使用的辐照设施。1974年,世界第一座γ射线辐照装置在日本仕幌商业运行,用于土豆辐照,抑制土豆发芽。1978年,全世界用于辐照消毒灭菌的钴源工厂就已超过80家。第一台商业化的电子加速器是1990年在美国建成运行的,它使用电子束辐照食品。第一座X射线食品辐照装置投入商业运行的时间则是2000年。我国也是先用钴源装置处理食品,十多年后才开始使用电子加速器。近年来,随着电子加速器制造技术的进步,电子加速器产业迅速发展,在食品辐照装置中占比越来越多。

下面就说说研究、设计、建造三种辐照装置的故事。

γ射线的家——钴源辐照装置

钴源装置的主角就是可以产生高能量γ射线的钴-60。它可以放射出如此活跃的γ射线,能跳动着穿越铅和混凝土以外的一切障碍,不可捉摸又神秘莫测。

钴-60的特性

那么钴-60源是怎么被选中用于食品辐照,又是怎么制备的呢?

钴-60在自然界中含量很少,是一种通过人工制备的放射性核素。制备钴-60的原料是钴-59。本来的钴-59核素是个老实本分的元素,它有27个质子,32个中子,质量数为59,像其他元素一样,安分守己地稳定存在于自然界中。某一天,突然将它放到强中子流中辐照一段时间,它就很顺利地捕获到一个中子,质量数变成了60,就成为大名鼎鼎的同位素钴-60了。

钴-59捕获一个中子成为钴-60后,就变得不安分起来,非常不稳定,像一个巨大的火球一样不断向周围辐射能量,不过它辐射的不是热量,而是能量巨大的 β 射线和 γ 射线。这个释放能量的过程,科学上称为"辐射衰变"。钴-60 持续不停地释放能量,直到能量逐渐减弱,最终稳定,变成普通的元素镍-60,不再有放射性。科学家设定了一个专有名称"半衰期"来描述通过辐射释放能量时间的长短,将放射性强度达到原值一半时所需要的时间称为同位素的半衰期。钴-60 的半衰期有 5.272 年,长短还算合适,能够相对稳定一个时期,不用特别频繁地添加新的钴源。这也是选用钴-60 源作为食品杀菌的主要放射源的原因之一。

钴源装置的应用和优势

钴-60 是工业界最常用的放射源。以它为基础的辐射技术是核技术应用领域的重要组成部分,涉及农业、工业、医疗等国民经济众多领域,在应用中取得了良好的社会、经济效益。钴-60 放射源在农业上可用于辐射育种、刺激增产、辐射防治虫害、食品辐照储藏与保鲜;在工业上可用于无损探伤、辐射消毒、辐射加工、辐射处理废物、在线自动控制,还可用于厚度、密度、物位的测定;在医学上可以用于癌和肿瘤的放射治疗等。在新冠疫情防控过程中备受关注的医用防护服辐照灭菌装置就有不少是钴-60 装置。

虽然钴-60 辐照装置应用历史比较长,但钴-60 的制备难度却比较高。据了解,目前国际上只有加拿大、中国、俄罗斯等少数国家拥有钴-60 生产能力。因为钴源的应用广,特别是在食品辐照方面的使用需求大,国际市场前景广阔,所以近年来钴源一直供不应求,购买钴源还得排队。

钴源在食品处理上有独特的优势。比如,操作温度低,不会在处理过程中升高食品的温度;没有化学药物的污染和残留;穿透力强,杀菌消毒比较彻底;适应范围广,能够处理各种不同类型的食品,如从装箱的马铃薯到袋装的面粉、肉类、水果、蔬菜、谷物、水产等;操作简单迅速,在短时间内就可以处理大量的食品。相对于电子束辐照装置,钴源的工艺简单,是食品辐照领域最早采用的辐照装置。

钴源装置的体系化设计——屏蔽防护系统

钴-60放射性这么强,怎么用? 使用中怎么控制? 这对钴源的辐照装置提出了特殊的要求,要保证操作钴源装置的人员和附近居民的安全。首先,钴源必须放在具有很好的屏蔽性的室内,保证钴-60不能暴露在外面。我们先看看放置钴源的房子是什么样子的。

我们已经知道混凝土有屏蔽性,到底多厚的混凝土才能挡住射线? 经过研究发现,屏蔽墙所需的厚度与钴源的强度有关系。钴源强度越大,需要的墙就越厚。目前商业用的钴源源强在100万居里(Ci)以上,混凝土的厚度要达到2米才能确保安全。

这里要解释一下,居里是放射性活度原来使用的单位,为纪念居里夫人而命名,但现在已经不再作为国际标准单位。如今通用的放射性活度的国际标准单位是贝可勒尔(Bq),简称贝可。如果放射性元素每秒有一个原子发生衰变,其放射性活度即为1贝可。但在实际工作中,仍经常沿用老的活度单位居里(Ci)。换算关系为$1Ci$(居里)$=3.7\times10^{10}$ Bq(贝可)。

钴源装置γ射线的辐射是向各个空间方向无差别释放,因此仅有2米厚度的外防护墙还不够,屋顶也应有2米厚,才能无死角防护。为了保证这些混凝土的墙和屋顶没有裂缝,混凝土必须"一次性浇灌",一般需要好几个昼夜连续浇灌才能建成。可以算算,一个上百平方米室内面积的厚墙厚屋顶的堡垒式建筑,需要混凝土的量,这将是一个巨大的数字。所以,若你有机会看到一大批混凝土车排队送料,没准就是在浇灌这样的建筑。

一种钴源装置的外观图

一般的建筑是有门有窗的,存放钴源的建筑肯定就不能这么常规安排了。窗户可以没有,门肯定是要有的。我们盖一个厚厚笨笨的建筑,钴源放在里面是安全了,还要考虑怎么让钴源、货物和操作人员进去。钴源的进出口设置在房顶,用时需要爬高,但因为几年用一次,还能应付。货物和操作人员的出入口就只能安排在地面了。2米厚的混凝土门不现实;铅门也太重,推不动。怎么办?聪明人想了个办法——用迷道。盖厚墙的目的就是能挡住放射性射线,那么做一个拐弯的迷道是不是也可以达到这个目的呢？大家都知道光的折射吧，前面提到 γ 射线也是与光一样的波，也有折射现象。γ 射线打在墙上，折射一次强度就减少一次。经过计算和实际测试，设计出安全的迷道，能保证比较顺畅地出入，同时在迷道出口测不到 γ 射线的存在，也就是说在门口 γ 射线一点也没有了。

　　若你有机会参观一座辐照设施，或走到辐照设施附近，在了解了这些知识后，应该就放心多了吧。但是要走进放有钴源的辐照室内，肯定还是顾虑重重，看看科学家又想了什么办法保证我们能安全地进入辐照室内。

　　操作人员需要进入放钴源的室内去检测设备，有什么办法保证进去的人的安全呢？科学家发现一定深度的水可以很好地屏蔽钴-60 释放的 γ 射线，于是，钴源装置内都会建有一个水深为 6～7 米的水井。操作人员进入之前，把辐照源放在水里。要注意的是，这个水井是个密封的死井，绝对不能漏水。另外，如果水不够纯净的话，有可能腐蚀源棒，造成放射性的泄漏，影响进入辐照室内人员的安全。为此，水井里的水必须是去离子水，去离子水需要通过蒸馏、过滤处理才能得到。因此，钴源装置需要配备生产去离子水的设备，这也是不少钴源装置单位还能同时出售去离子水或蒸馏水的原因。

　　钴源如何放到水里也是一个必须考虑的问题，放射性的钴源和水直接接触，会不会让放射性钴溶解到水中？这样水井中的水就不安全，人也就不安全了。于是，人们研究出给钴源装个套子的办法，利用双层不锈钢套确保只有射线能出来，放射性钴不会接触到水井中的水。钴源的能量很大，但体型并不大，属于典型的"小身材、大能量"。实际上，商业用的钴源棒是像铅笔那样大小的棒状物，由两层不锈钢管包裹。其实，钴-60 核素衰变

产生的不止有 γ 射线,还有 β 射线,但 β 射线被不锈钢外壳阻挡,因此钴-60 源真正能用以辐照的只有 γ 射线,这也是为啥钴源作为 γ 辐射源,而不是 β 辐射源的原因。我们真正利用的是钴-60 释放出来的 γ 射线。

钴源装置的体系化设计——高效运作系统

对食品辐照来说,一个源棒强度通常不够,商业应用时会一次购买很多个源棒。我们常说的钴源实际上是很多源棒的组合体,它们在圆环状或平板状的架子上摆放,这个架子就叫源架。源架的结构形状多样,以最大限度利用射线能量为目标来设计。源棒在源架上也不是随意摆放的,要利用蒙特卡罗算法计算摆放位置,不漏掉辐照室内任何一个角落的食品,争取能照顾到包装箱的各个部分,保证被辐照的食品能够更多、更均匀地接收到射线的照射。

说到这里,你应该明白为什么称食品辐照技术为高新技术,这里面有很多理论问题和技术问题,涉及物理、数学等多个领域,它们是食品辐照技术能够在实际生活中应用的基础。

接下来就要考虑辐照操作过程的高效了。如何安排在辐照室内对食品进行辐照呢? 20 世纪 80—90 年代的早期食品辐照多采用静态辐照,也就是把要辐照的食品围着钴源放在辐照室内,一定时间后取出来,再换一批。静态辐照有一个迷道就够了,从同一个迷道进出。后来需要辐照的食品多了,就发展为效率更高的动态辐照。目前我国的商业化钴源均是动态辐照,利用传送装置,把要辐照的食品源源不断地传送进去,再传送出来。多数动态辐照设计有两个迷道:一进一出。为安全起见,现代化的钴源装置都有智能化的控制系统,所有操作基本上都可以通过控制面板上的按键或按钮完成。

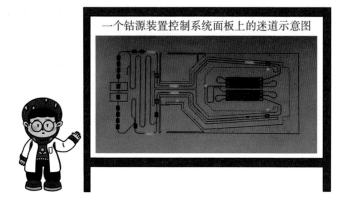

一个钴源装置控制系统面板上的迷道示意图

放射性物质钴-60源就像人造"小太阳"一样，被密封在双层不锈钢容器内，并固定在钴源源架上。围绕这个"小太阳"安装了固定的运行轨道，而被辐照产品则被装载在专用吊具或辐照容器内沿固定轨道运行。轨道的设计安排都经过了专业人士周密的计算，计算好在每个位置上吸收的剂量，使其最终达到食物灭菌杀虫所需要的剂量。一般来说，轨道上的被辐照产品输运时不容易操控，所以会被安排在某个位置上停留一定的时间，在走走停停中完成辐照。在辐照过程中，钴源和专用吊具或辐照容器之间保持一定距离，这样不只是为了不接触放射源，也是为了传送更顺利地运行。一旦钴源和专用吊具或辐照容器接触，就是有问题、出事故了，绝对要避免这种情况。辐照装置需要定期维护，维护的目的就是保持正常运行、按质按量地辐照产品、避免事故的发生。

说到这里，你是不是就觉得差不多了，房子建好了，钴源也放好了，进出的传送链和来往的迷道也就位了，可以安全地用放

一个大型钴源的外部传送装置

射性射线照食品了？对于危险的放射性钴源，这还远远不够。那还需要哪些防护措施呢？

下面再介绍为了确保安全操作而设计出的安全联锁系统。

钴源装置的体系化设计——安全联锁系统

通过前面的介绍，我们知道钴源装置周围是安全的，当钴源放在水井中时，人进去也是安全的，但当钴源在辐照状态，即没在水井中时，若人进辐照室，肯定是非常危险的。实际生产中也曾出现过伤人的事故。人们总结经验教训，设计出了安全联锁系统。它是辐照装置正常运行必须要设置的程序，目的是防止人员误入辐照室而受到意外过量射线照射。一般来说，它包括出入口门与辐照源的联锁控制、防止人员误入辐照室的光电装置、紧急降源拉线开关和按钮等。这个系统的操作是在钴源堡垒外的操作平台上遥控完成的，就如我们在电视上看火箭发射一样。

先说说联锁装置，第一个联锁就是把从水井中升源的机械

辐照技术——食品的安全卫士

启动总锁钥匙与辐照室门联锁。

　　我们如果开车上班的话，肯定会带一把车钥匙、一把家门钥匙。有时候就会出点小状况，关家门上班，发现车钥匙留在了家里；开车到了家门口，发现没带家门钥匙，进不了门。这些只是花费我们一点时间，一般不会出大问题。但如果也这样用将钴源提升起来的开关钥匙和进辐照室的门口钥匙，就会出大乱子，有可能出现部分操作人员拿着门钥匙进了辐照室里而其他操作人员不知道，却拿着开关钥匙打开开关把源从井里提上来照伤人的事故。为了避免这种情况发生，我们只用同一把钥匙，并且，这把钥匙只有源在井里的时候才能从操作台上拔下来。源在安全位置，你才能用这把钥匙开门，进入辐照室。此时钥匙在你的身上，外面的人没有钥匙就不可能把源再提出水面。只有这样设计，带着这唯一的一把钥匙进辐照室才是安全的。升降源还设置很多联锁，如手持式可以发出警报声的剂量计（可以探测有没有放射性的小设备）和钥匙联锁，这是防止万一操作系统失控，发生钴源没在井里但操作台显示在井里的情况。万一这样的情况发生，只要操作员一走进迷道，剂量计就会探测到放射线并报警，操作员就会赶紧撤出。

　　除此之外，还有其他的联锁，只有辐照室的门打开、通风系统打开、水井的水位够深等条件均稳合，钥匙才有可能从操作台上拿下。也只有这把钥匙插到了总操作台上，传送装置才能启动。所有这些联锁都是为了保证：只有钴源放在井水中的安全位置时，人才有可能进入辐照室。其目的是防止人源见面造成辐射伤害。

　　为了防止人员误入辐照室，辐照室门口还设有声光警示标志，在工作状态时，红灯会亮，还有声音警告不许进入。在进出辐照室的迷道内,还有可以检测到人进入的光电监视系统。一旦发现人员进入,源就会立即下放到井里。有的还会在迷道中安置红外探测设备,一旦人走过就会有温度变化,源也就会立即下放到井里。但这样的红外探测有时过于敏感,曾发生过鸟飞进迷道引起报警的情况。

紧急降源拉线开关和按钮分布在迷道和辐照室内。若上述所有设置都失控,一旦发现源在上面,或人还在迷道中门就关了,都可以拉线或按按钮,让源立即下放到井里,同时发出警报,以避免事故的发生。

总而言之,在钴源装置的设计建造过程中,安全一直是首要考虑的因素。除了保障放射性安全外,还有通风系统来保证辐照室内的空气安全。

钴源辐照装置的运行还要建立质量保证体系。建立质量保证体系可以有效保障辐照产品质量与辐照加工效率,如需要对被辐照产品的包装尺寸与密度、微生物载量等评估后制订出辐照方案;方案经试验、改进并验证有效后,制订出相应的辐照工艺,从而保证辐照质量和钴源能量利用率。此外,相关部门还需要及时了解有关质量保证体系的国内外辐照加工法律法规的变化及相关职能要求,以保证辐照的安全与性能等符合法规要求和满足客户需求。

在此,我们总结一下钴源装置的组成:有辐照源和源架,有包括辐照室屏蔽体、迷道和储源水井的屏蔽防护系统,有安全联锁系统,有通风系统,当然还要有装置运行的安全操作系统和辐照质量保证体系。像所有大型设备一样,钴源装置的操作系统非常重要,要保证所有安全设置的正常运行,更要保证设备可以好好工作、高质量地处理食品。这里我们就不再做详细的描述。

电子束的家——电子束辐照装置

电子束辐照装置（电子加速器）是一种新型的食品辐照加工装备。电子束辐照装置利用电子束（β射线）辐照食品，钴源辐照装置利用γ射线辐照食品，它们都是利用高能量射线对食品进行辐照加工的装置。

电子加速器的发展史

1990年，第一台商业化辐照食品的电子加速器在美国建成运行，到目前，食品辐照电子加速器的产生应用只有几十年的历史，而电子加速器的历史却有近100年了。

电子加速器就是一种带电粒子加速器，说到粒子加速器，我们可能会想起北京正负电子对撞机、兰州重离子加速器、合肥同步辐射光源和上海光源，这些代表了我国科技发展水平的大科学装置都属于粒子加速器。

粒子加速器是现代物理研究的高精尖手段。在粒子加速器问世之前，人们用天然放射性核素发出的射线和自然宇宙射线研究原子核结构。1919年，"近代原子核物理学之父"、英国物理学家卢瑟福用天然放射性核素产生的α射线轰击氮原子，获得了氧同位素^{17}O，首次实现了元素的人工转变。轰击原子的射线需要一定的能量，这个能量单位用电子伏特表示，1电子伏特就是指一个电子或带有一个单位电荷的粒子通过电势差为1伏特的电场所得到的能量。天然放射性核素的粒子能量有限，只有百万电子伏特；自然宇宙射线粒子能量很高，可达1×10^{21}电子伏特,但粒子流极弱(粒子数量很少),能量为 1×10^{14} 电子伏特的粒子在 1 平方米的面积上平均每小时只降临一个,而且宇宙射线中粒子的种类、数量和能量都不是人为可控的,实验结果难以预料。因此,科学家探索用人工方法将粒子加速到更高能量,用于研究原子核深层结构或对原子核进行改变,电子加速器就是其中一种手段。

电子经电磁场加速,其速度可达每秒几千公里、几万公里甚至接近光速。光速是我们目前所发现的自然界物体运动的最大速度,它是指光波或电磁波在真空或介质中的传播速度。因为速度太快,真空中的光速并不是一个测量值,而是一个计算值,即光速 $c = 299\ 792.458$ 千米/秒,一般取 $300\ 000$ 千米/秒。电子能量与其速度的平方成正比,速度越大,能量越高,例如一个能量为 100 兆电子伏特(1.0×10^8 电子伏特)的电子加速器,电子速度可达 $0.999\ 986c$,接近光速。1926 年,美国古里奇(Coolidge)用三个 X 光管串联获得了能量为 9×10^5 电子伏特的高能电子束。物理研究用的电子加速器能量很高,能量越高,制造技术要求越高。因为电子轨道的问题多年来没有得到解决,直到 1940 年,世界上才建成了第一台电子感应加速器,它可把电子能量加速到 2.3 兆电子伏特。随后,电子感应加速器快速发展,1942 年,20 兆电子伏特的电子感应加速器建成。1945 年,100 兆电子伏特的电子感应加速器建成,这已接近电子感应加速器的极限能量,但对物理研究的需求来讲,电子感应加速器还是低能加速器。随后,可达到更高能量的电子同步加速器开始研制生产。1947 年,美国综合电气研究实验室建成了 7×10^7 电子伏特电子同步加速器,最高加速能量后续逐步提高到 $12 \times$

辐照技术——食品的安全卫士

10^9 电子伏特。同步加速器能获得高能电子束的原因，是因为内部几乎没有空气，其中的电子以 99.999 97％的光速运行，电子能量极限可达到 10 吉电子伏特。在这个基础上，科学家开始攻克研发更高能量的电子加速器。电子做直线运动时没有辐射损失，因此电子直线加速器可减少电子辐射损失，从而获得更高能量的电子束。现在，使用电磁场加速的电子直线加速器已经可将电子加速到 50 吉电子伏特，而且这还不是理论的能量限值，而是因造价过高产生的限制。目前，世界上最高能量的电子加速器可达 55 吉电子伏特的加速效果。

电子加速器的应用和构造

电子加速器的种类很多，能提供的电子束的能量差别巨大。食品加工用电子加速器能量远远低于物理研究用的电子加速器，属于数量最多的工业辐照加速器。工业辐照电子加速器的能量范围是 0.15～10 兆电子伏特，其中又细分为低能、中能和高能三类。电子加速器能量越高，可穿透物质的深度越大。低能电子加速器的能量范围是 0.15～0.5 兆电子伏特，穿透深度小，用于表面辐照加工，常见的应用包括废气处理、橡胶硫化、涂层固化、功能膜制备、邮件表面消毒灭菌等。中能电子加速器的能量范围是 0.5～5 兆电子伏特，它是辐照加工中应用较多的电子加速器，加工的产品有辐射交联电缆、高强度耐温聚乙烯热塑管、防水阻燃木塑地板等。高能电子加速器的能量范围是 5～10 兆电子伏特，这类电子加速器应用范围很广，如辐照杀虫检疫、辐照保鲜、辐照消毒杀菌、水晶宝石辐照着色、半导体等材料改性等。食品辐照中常用的电子加速器就是高能工业辐照电子加速器。依据电子加速方式不同又有不同类型，常见的有高频高压加速器(如地那米加速器)、电子回旋加速器(如 Rhodotron 加速器)和电子直线加速器(如 IS1020 电子加速器)。

接下来,让我们以电子直线加速器为例,简单了解一下食品辐照电子加速器的构造。电子加速器是一种复杂的大型设备,由电子枪、真空加速结构、导引聚焦系统、扫描系统等基本结构组成。电子枪是发射电子的源头,用来提供需要加速的电子。它由灯丝和阳极组成,灯丝用于发射电子,阳极用于引出电子,发射的电子在聚焦和导引系统作用下聚成细束后注入加速管。为避免电子加速过程中受到空气分子影响发生电子丢失而降低束流质量,加速管必须保持很高的真空状态,一般要优于 $2.0\times$

一台正在安装的10兆电子伏特电子直线加速器

10^{-5} 帕的条件,而一个标准大气压的数值为 $1.01×10^{5}$ 帕,当温度为 0℃时,在纬度为 45°的海平面上的气压就是 1 个大气压。另外,为了避免电子在加速过程中散开而产生损失,加速管内的电子同样需要通过聚焦和导向系统,系统对电子束流进行上下或左右调节,随时保证加速运动中发生偏离的束流回到轨道中心上来,使它沿着一定的轨道加速,速度越快,能量越高,最终达到设计的目标能量。随后,扫描系统利用磁场改变电子的运动方向,使加速后的电子束流扩展开来,形成一定的宽度,最后从薄金属膜(厚度一般为 0.04～0.05 毫米)构成的扫描窗(如钛窗)引出,对被照射物品进行辐照加工。扫描窗可以将电子加速器的真空系统与外界自然环境隔离开。

电子加速器和钴源装置的对比

电子加速器是一种新型辐照装备,除了射线种类以外,在能量利用、加工效率、适用产品类型等方面与钴源装置也有明显不同。首先,电子加速器对能量的利用优于钴源装置。钴源装置利用的是放射性核素钴-60,放射性核素不稳定,一直在不停地衰变,因此,γ射线的释放也是不间断的。平时,钴源不加工的时候是放在井水中的,这个时候和加工时一样,也有能量损耗,而且钴源装置γ射线的辐射是向各个空间方向释放的,能覆盖辐照室内整个空间,包括房顶,而被辐照产品不可能全方位无间隔摆放,这就导致射线整体能量利用率较低。电子加速器利用电能加速电子得到高能射线,切断电源后就不再有能量损耗。开机加工的时候通过导向和聚焦系统保证电子束流或 X 射线沿规定方向定向输出,能最大限度利用电子束流能量。因此,电子加速器的加工效率更高,加工速度更快。另外,电子加速器穿透能力低于钴源,更适合低密度、小包装的产品辐照,密度越小,优势越强。在生产过程中,电子加速器利用传送链运送被辐照产品通过扫描窗。因为穿透能力较弱,电子加速器对产品的加工厚度有较严格的要求,这也保证了产品内的吸收剂量更加均匀一致,产品的辐照质量更加均一。

虽然电子加速器和钴源装置在射线种类、能量级别、穿透能力等方面有差异,但两种辐照装置的加工能力还是可以比较的。对能量为10兆电子伏特的电子加速器来讲,理论推算功率为1千瓦的高能电子束流的能量约等同于6.7万居里,也就是2.48×10^{15}贝可(Bq)钴-60 γ射线。拿150万居里钴源装置和20千瓦的10兆电子伏特电子加速器相比较,在产品密度为0.35克/厘米³时,两者加工能力基本接近。产品密度越低,加速器优势越明显;密度越高,则钴源效率越高。

与采用γ射线辐照加工的钴源辐照装置相比,电子加速器还具有更加安全、高效、快速的优点。电子加速器利用电能加速电子,关闭电源后高能射线停止输出,没有放射性核素的应用,安全系数更高。另外,近年来钴源装置的钴-60售价飞涨,废源

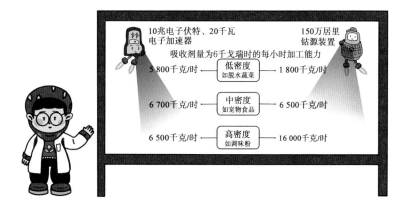

026

处理费用也逐年上升，这也为电子加速器辐照食品的快速发展提供了良好机遇。

但人无完人、金无足赤，任何技术都有不足或弱点。与钴源相比，电子加速器的一个不足就是电子束流在物体中的穿透能力较弱，不适合辐照密度高、厚度大的物体。为此，科学家帮助食品辐照电子加速器实现了华丽变身，通过转靶把电子束转换成 X 射线，以满足大体积物品的辐照需求，这部分内容将在 X 射线辐照装置中详细介绍。

电子加速器双面辐照及适用产品

因为电子束的穿透能力较弱，采用电子加速器辐照食品时需要对食品包装尺寸、包装内剂量水平进行把控，保障食品包装内的剂量尽量一致。前面讲过，电子束流被引出加速器到达被辐照物体的表面，然后在被辐照物体内部继续前进，就像一个不停滚动的球。它在前进过程中不断损失能量，最终因能量耗尽而停止运动。虽然整体上是能量逐渐被耗尽，但被辐照物质接受的能量并没有随着辐照深度增加而逐渐减少。因为，在这个过程中，电子束流还会与物质分子碰撞产生次级电子，次级电子和电子束流一起作用于物质，使吸收剂量增加。但随着深度增加到一定程度，电子束流自身能量逐渐减少，产生的次级电子也迅速减少，物质的吸收剂量随深度增加而快速下降。电子在物质中的穿透深度与电子能量、辐照物质的密度相关，能量越高则穿透深度越大；而物质密度越大则穿透深度越小。

对生产中使用的食品辐照电子加速器，10 兆电子伏特是电子束能量最高限制。这个能级的电子束对水（密度为 1 克/厘

电子束辐照时物质中吸收剂量变化趋势示意图

米³)的穿透深度约为4厘米。这种深度的水用10兆电子伏特电子束辐照时,入射剂量等于出射剂量,这两个剂量值分别指射线进入物体表面时的剂量和穿透物体后出来时的剂量。4厘米的穿透深度对大多数食品包装都不适用,因此,对密度为1克/厘米³或者更高的产品,如果最小包装面厚度超过4厘米,需要应用双面辐照增加电子束流穿透深度。

双面辐照时剂量叠加,最大辐照厚度约达单面辐照厚度的2.4倍。对密度为1克/厘米³的产品来说,双面辐照的包装厚度约为9.6厘米,另外还要考虑包装内剂量是否均匀一致的问题。因此,选择适宜厚度是保证辐照加工质量的关键,厚度过低会造成电子束流能量浪费;厚度过高则射线穿不透,或因产品内部剂量差异过大而影响辐照加工质量。下面两张图形象地展示了不同厚度包装内剂量的分布情况,这是针对密度为1克/厘米³的水及等密度物质进行的10兆电子伏特电子束双面辐照。可以看出,9.6厘米厚度的剂量均匀程度优于6.6厘米厚度的,而且厚度增加,对能量的利用率也高。在实际生产中,食品包装内的物质密度并不像水一样的均一，在考虑辐照厚度时需要加一些余量。一般的经验判断方法：对于 10 兆电子伏特电子加速器，如果辐照方向上的产品尺寸小于 8 厘米水的等效深度（即物质密度为 1.0 克/厘米³ 时为 8 厘米，密度为 0.2 克/厘米³ 时为 40 厘米，等比类推），可以采用电子束双面辐照处理；而更大尺寸或更高密度的产品则需要用 γ 射线或 X 射线。

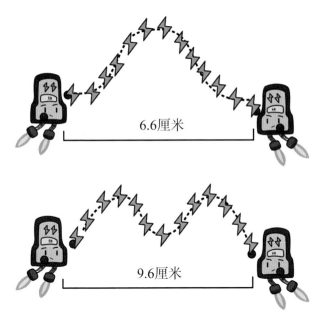

6.6厘米

9.6厘米

10 兆电子伏特电子束双面辐照时，不同厚度的物质（密度为 1 克/厘米³ 的水及等密度物质）中的吸收剂量变化

电子加速器的工作原理、加工过程和体系化设计

食品辐照电子加速器的工作原理可以形象地概括如下：因

电而生的高能电子束流沿着规定方向极速前进。在电子加速器的工作过程中,被加速的高速电子在聚焦系统和导向系统的作用下沿着规定轨道极速前进,汇集成高能束流,最后被引出加速器,到达被辐照物体的表面。运动的电子在被辐照物体内部继续前进,因为受到产品分子的阻挡,电子在前进过程中不断损失能量,能量耗尽后就停留在物质中。根据能量守恒定律,高速电子的能量传递给被辐照物体,使其发生物理、化学和生物变化,达到杀菌、杀虫、改性、保鲜的目的。

电子加速器辐照加工的过程非常简单,被辐照物体经高能射线扫描后就能完成杀虫、消毒、杀菌、改性等加工目的,整个过程就如我们在花洒下面沐浴,简单快速。至于被辐照物体到底是被杀菌,还是被杀虫、改性或保鲜,除了取决于被辐照物体本身对辐照的反应特性,最重要的就是被辐照物体吸收的能量大小。这个吸收的能量大小用"吸收剂量"衡量,吸收剂量是指单位质量物质接收电离辐射的平均能量,国际标准(SI)单位是戈瑞(Gy)或拉德(rad),$1 \text{ Gy} = 1$ 焦耳·千克$^{-1}$($J \cdot kg^{-1}$)$= 100$ rad。被辐照物体在运行中的电子加速器扫描窗下停留的时间越长,吸收剂量就越高。就如我们晒太阳,时间越久越感到热或温暖。

电子加速器接通电源稳定后,电子束流就开始稳定持续地输出。这时候,与钴源装置一样,人不能进入装置内部,电子加速器设备产生电子束流的部分需要有堡垒屏蔽辐射,因此同样需要一个传送系统,保证大量产品能连续不断地通过扫描窗从而完成辐照。商品化加工的电子加速器装置必须配置产品传送系统,传送系统的运行效率直接影响到加速器的加工效率。现有的传送系统有单向单通道和双向双通道两种形式,单向单通道是普遍采用的基本形式；扫描宽度较大的情况下也可采用双向双通道形式。通道的设计也是遵循与钴源装置一样的原则，采用类似迷道的构造，通过多次反射保障电子束射线不溢出。

　　为保障辐照加工不间断进行，防止高能电子束流产生的核辐射危害，电子加速器设备的整个传送系统分为内外两部分，被辐照物品从堡垒上开出的窗口进出；传送系统的外部区域用于工人操作和上货卸货。

一种单向单通道的电子加速器传送系统外部图

　　传送系统的常见传送形式有悬挂式链条传送和板链式传送，悬挂式链条传送将吊篮悬挂在架空轨道线上前进，适合电子束前进方向与物体传送方向水平的电子束辐照和不易流动的产品；板链式传送以传送带形式进行传送，适合电子束前进方向与物体传送方向垂直的电子束辐照。

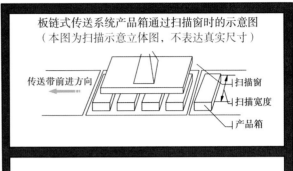

板链式传送系统产品箱通过扫描窗时的示意图
（本图为扫描示意立体图，不表达真实尺寸）

传送带前进方向

扫描窗
扫描宽度
产品箱

X射线的家——X射线辐照装置

X射线辐照装置其实本质也是电子加速器，不过用于处理食品的是X射线，不是电子束。因为电子束穿透能力较弱，不能辐照加工大型包装或密度较大的产品，X射线辐照装置应运而生，成为电子加速器的华丽变身。科学家通过转靶把电子束转换成X射线，以满足大体积或高密度物品的辐照需求。

X射线辐照装置的原理和优点

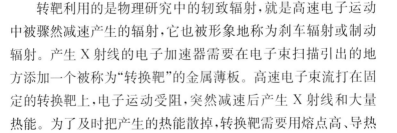

转靶利用的是物理研究中的韧致辐射，就是高速电子运动中被骤然减速产生的辐射，它也被形象地称为刹车辐射或制动辐射。产生X射线的电子加速器需要在电子束扫描引出的地方添加一个被称为"转换靶"的金属薄板。高速电子束流打在固定的转换靶上，电子运动受阻，突然减速后产生X射线和大量热能。为了及时把产生的热能散掉，转换靶需要用熔点高、导热好的材料，一般由钨、钼、钽等高原子序数的元素制成。转靶产生的高能射线就是 X 射线,其穿透力大大提升,有了转靶装置的电子加速器,可以放心地辐照大包装物品了。它的穿透深度可与钴源装置的 γ 射线媲美,3 兆电子伏特电子束打在转换靶上产生的 X 射线与钴源产生的 γ 射线具有相似的穿透特性。

虽然转靶装置可以把电子束流转换成 X 射线,但 X 射线电子加速器在食品辐照上的应用并不多。首先电子束流转换成 X 射线的过程中,打靶产生 X 射线的效率较低,大部分电子能量转换成热能,导致装置的能量利用效率很低,据测算,目前转换率不超过 10%。其次,为避免感生放射性,目前国际上多数国家要求用于辐照加工的转靶 X 射线的电子加速器能量应限制在 5 兆电子伏特以下。

电子束辐照装置和 X 射线辐照装置就如一对孪生兄弟,在加工方式、货物传送、装置安全防护等多方面都有相似性。在加工方式上,与 γ 射线一样,电子束和 X 射线可以穿透物体,因此电子加速器在食品辐照加工中同样不用拆除产品包装,可以有效避免二次污染;在时间效率上,食品在电子束或 X 射线下停留的时间极短,整个过程就是能量的传递,没有任何外源物质添加,食品本身的温度变化也很小;在生产成本上,50 千瓦设备用于食品辐照杀菌,全年每天 24 小时运行情况下,估计 5 年平均辐照成本每磅食品仅 2 美分,比巴氏杀菌的成本更低。由此可见,电子加速器辐照是一种安全、快速、绿色、高效的物理冷加工技术。我们相信随着技术进步,以电子加速器为载体的电子束辐照装置和 X 射线辐照装置会更多地被应用于食品辐照。

电子加速器辐照食品的安全设计

在安全方面,打开电子加速器电源后利用电能加速电子,形成高能电子束流或 X 射线辐照产品,关闭电源后电子束流或 X 射线停止输出。因此,没有开通电源的电子加速器装置就与我们身边的普通空间一样安全。我们可以走进装置内部,体验迷道设计,放心地近距离观察电子束扫描导出设备。

走进辐照室实地观察(非运行状态)

在工作状态下,电子加速器辐照装置与钴源装置一样,释放出的高能电子束能量很高,同样需要利用建筑物的墙和门进行屏蔽。辐照装置的辐照室也必须以足够厚的高密度混凝土墙作为屏蔽层,同时设置通风设施除去辐照过程中产生的臭氧和热量,设置迷宫通道和相应厚度的门来与安全区、操作室相连,保障屏蔽墙外人员所受照射低于规定剂量限值。如果设计不合理、安全保障技术措施不完善,或运行中管理不严格等,那么该装置就有潜在的发生重大辐照事故风险。

辐照装置的辐照安全,对每个开展辐照实践的单位和个人都至关重要。每座辐照装置的建造，其设计都由专业单位完成，并经过国家相关管理部门审批。随着装置数量增加，管理水平提升，电子加速器装置的设计都充分考虑了安全性。在实际运行中，需要重点关注的问题就是尽量完善安全保障技术和措施、严格管理。关于电子加速器辐照装置的安全性，我国有专门的标准进行管理。2018 年，生态环境部发布的 HJ 979—2018《电子加速器辐照装置辐射安全和防护》就对电子加速器辐照装置的设计、安全运行管理等方面做了具体规定。国家相关管理部门也会依据相关管理规定，对开展加工的电子加速器装置进行监督检查，保障辐照装置安全运行。

现在我们了解了辐照装置，接下来看一下怎么保障辐照食品的安全吧。

第 3 章

全方位保障辐照食品安全

　　将核技术用在与人民生活密切相关的食品上，科学家是怎样验证辐照处理后的食品是安全的？如何在应用核技术的过程中保证周围环境和操作人员的安全？建立什么样的法规才能确保辐照技术的合理应用？如何监督违规使用辐照技术的行为？科学家和法规制定者都做了哪些工作？在这项技术从发现到应用的近百年时间里，为了确保能安全地应用辐照技术，全球科学家进行了几十年的合作研究，一步步验证并回答了大家关切的这些问题。本章将一一介绍，让你了解人们如何小心谨慎地应用核技术，全方位地保障辐照食品的加工过程安全和产品安全。

严选辐照源，保障无忧辐照

　　我们生活在由各种元素组成的环境中，其中就有释放射线的放射性元素，因此，我们生活的环境本身就存在放射性，也称为本底辐射环境。只是这个环境的放射性水平很低，在漫长的进化过程，人类和大多数动植物中已经适应了这种低水平放射性的环境。我们消费的食品也有本底水平的放射性。通过第二章的辐照装置介绍部分,我们已经知道:通过混凝土堡垒、迷道和安全联锁保障系统,可以保证辐照食品所用的辐照设施外部的放射性水平不高于本底水平。

那我们关心的下一个问题,就是经过辐照处理的食品,放射性水平是不是会提高,甚至提高到对人体有危害的程度。用辐照处理食品的目的是给食品杀菌或杀虫等,科学家和工程技术人员是如何做到在达到目的的同时,不给食品造成不良影响,保证食品安全的呢?

首先,要保证食品不能接触放射源。用辐照设施处理食品,如果因接触而沾上放射性核素,就会对食品造成放射性污染。电子加速器不存在这个问题,因为电子加速器没有放射性核素,用于处理食品的是电子束。对钴源来说,若食品接触到钴-60,那肯定就有风险。在实际应用中,商用钴源是用两层不锈钢管包裹的棒状结构,大小类似铅笔,这些源棒会以合理科学的方式布置在源架上。辐照处理时,包装后的食品在传送吊具或传送链装置上,与源架上的源棒有一定的距离,正常操作下食品不可能和源棒有接触。我国钴源装置设计的标准中,对这些方面有严格的要求。通过这些措施可以保障辐照食品的安全,使它不会由于接触放射性核素而变成被核素污染的食品。

除了接触污染导致的放射性外,还有一个放射性风险是感生放射性。感生放射性是指原本稳定、没有放射性的材料因为接受了特殊的辐射而产生的放射性。早在1934年,伊蕾娜·约里奥-居里和弗雷德里克·约里奥就发现了感生放射性,他们发现,当硼和铝等较轻的元素受到α粒子的轰击后,即使在移走α粒子源后它们仍有持续放射性。使用具有一定能量的粒子轰击稳定的核素可以产生人工放射性核素。中子活化是感生放射性的主要形式,稳定的核素吸收一个中子后被活化而转变成放射性核素,这是因为核内中子过剩,活化产物要进行β衰变,从而产生的放射性。这种放射对生物同样是有害的。

射线和电子束辐照会不会让食品产生感生放射性?也就是说,辐照后,食品中的元素有没有因为辐照导致稳定元素变成放射性的同位素,就像稳定的钴-59变成有放射性的钴-60那样?这确实是科学家认真考虑过的问题。查查元素周期表,我们知道,好多元素都有放射性的同位素。放射性同位素的产生和接受能量有关。经过研究,科学家明确了:只有高能量射线才会让元素产生感生放射性,低能量射线就不会诱导元素产生感生放射性,能量越高,风险越高。在知道射线可以对食品杀菌后,科学家就在研究什么样的射线用在食品上是安全的,确定用在辐照食品上的就是不会诱导产生感生放射性的低能量射线。

为了保障辐照应用的安全性,在国际和国家标准中,对用于食品辐照的放射性射线有明确的规定:可以用钴源γ射线、产生的能量不高于10兆电子伏特的电子束、产生的能量不高于5兆电子伏特的X射线。这其中的科学道理如下:能量在10兆电子伏特以下电子束或5兆电子伏特以下的X射线,不会让食品中的主要元素碳、氢、氧、氮等在辐照后产生感生放射性。钴-60释放两个波段的γ射线,能量只有1.33兆电子伏特和1.17兆电子伏特,这个强度要低于食品中元素产生感生放射性所需的临界能量。由于钴源产生的γ射线能量是固定的,所以只是把电子束加速器的能量限制在10兆电子伏特以下,X射线设备的能量限制在5兆电子伏特以下。

实际上,为了确保应用的安全性,对放射性装置的能量限制很保守,有报道说只有实验证明安全能量的十分之一。从最初确定电子束加速器的能量限制在 10 兆电子伏特以下、X 射线设备的能量限制在 5 兆电子伏特以下至今，40 多年过去了。在实际应用的过程中发现，能量为 10 兆电子伏特的电子加速器处理食品还是够用的，我国目前用于辐照食品的 80 多台电子加速器设备参数多为 10 兆电子伏特 20 千瓦，但对 X 射线设施来说，5 兆电子伏特就太低了，严重影响了 X 射线在食品上的应用。主要原因是：X 射线实际上是电子束转靶而产生的，5 兆电子伏特的转靶能量利用效率低，所产生的 X 射线不能满足食品辐照灭菌的要求。这也是至今 X 射线在食品辐照商业上应用较少的原因。2004 年，美国、韩国等 5 个国家的科学家经过严谨的研究测试，证明 7.5 兆电子伏特的能量也是安全的。目前，这 5 个国家已经许可将 X 射线设施的能量限制提高到 7.5 兆电子伏特，以促进 X 射线辐照在食品上的应用。

总之，为了保证设备运行的安全，选择不会产生感生放射性的钴源作为放射源；对电子束和 X 射线的能量做了非常严格的限制，避免感生放射性的产生。这些限制都写到了国家标准中，因此在符合国家标准的辐照装置辐照下不会让食品中元素产生放射性风险。

科学评估，保障辐照食品安全

怎样证明食品是安全的？对食品进行安全性评估是必要的，我们已经建立了一套严格的程序，很多食品添加剂等也都要经过这个程序验证后才能投入使用。辐照处理的食品的安全性也经过了严格的评估，这些评估包括致癌、致畸、致突变等方面的细胞学和动物实验等程序，还有人体试食实验。

围绕辐照食品的卫生安全性，国内外的专家已经开展了几十年的研究工作，取得了大量的研究成果。

通过对喂食辐照食品的动物和喂食未经辐照处理食品的动物进行长期的比较试验，证明两组动物在生长、发育等方面不存在差异；三致试验（致畸、致癌、致突变）的结果也没有明显不良变化。20世纪70—80年代，美国、中国等国家还先后开展辐照食品的人体试食试验，参加试验的志愿者达到数百人。在为期三个月的食用辐照食品试验后，经严格体检及血相生理生化检查，证明试验志愿者均未出现任何不良反应。基于大量的研究成果，联合国粮农组织（FAO）、国际原子能机构（IAEA）、世界卫生组织（WHO）共同组成的辐照食品联合专家委员会（JECFI）于1980年在日内瓦正式宣告："用1万戈瑞以下辐照剂量处理过的任何食品都不会产生毒理学上的问题，今后可以不再进行相关毒理学试验，允许商业销售"。另外，科学研究还表明，食品经过辐照处理所引起的营养成分的变化，小于通常在加热、蒸煮或煎炒时所引起的营养成分的变化。食品中的营养成分主要是指蛋白质、脂肪、碳水化合物、维生素等。辐照引起食品营养价值改变取决于多项因素，包括辐照剂量、食物种类、辐照时的温度及空气环境、包装和储存时间等。通过对这些影响因素的科学控制，还可以更好地保持食品的营养成分、提高营养价值。

辐照食品的营养价值可以由人体食用后的利用率来综合评价。研究结果发现，就蛋白质的利用率来说，未辐照的为85.9%，而辐照的为87.2%；脂肪的利用率，未辐照的为87.2%，辐照的为87.9%。辐照对维生素有一定的影响，但也低于烹调对维生素的破坏。总体来说，脂溶性维生素比水溶性维生素对辐照更敏感。但需要指出的是，人体每日摄入的辐照食品只占日常饮食的一部分，所以，食用辐照食品对维生素的总摄入影响很小。

比较而言，对于其他食品加工技术，比如热加工、冷冻储藏、微波技术等，都不要求评估加工后的食品是否安全。基于谨慎应用核技术的态度，全球的科学家花费了几十年的时间，对辐照食品进行了全方位的安全性评估，证明辐照不会影响所处理食品的卫生安全性。

明确标识，保障消费者知情

我们去买包装好的食品，也叫预包装食品，食品包装上都标注有食品名称、重量、营养成分含量和保质期等内容。对包装上应该有什么内容，我国的 GB 7718—2011 食品安全国家标准预包装食品标签通则有明确的规定。对辐照处理的食品，还额外有个标识要求，具体为"经电离辐射线或电离能量处理过的食品，应在食品名称附近标示'辐照食品'，经电离辐射线或电离能量处理过的任何配料，应在配料表中标明。"

根据这个标准的要求，辐照食品都要进行标识。那么这个标识的要求是怎么来的呢？

最初，对辐照食品标识有要求的是国际食品法典委员会（CAC）的标准。CAC 在 1983 年制定的《辐照食品通用国际标准》(CODEX STAN106—1983，Rev. 1—2003)初次出现了要求标识辐照食品的条款。在 CAC 有关食品标签的要求中，有一个基本原则：在不能从科学上证实某种新技术的使用会使产品发生重要变化的情况下，就没有必要对这项新技术的标识提出特殊要求。所以，热杀菌或微波杀菌等处理过的食品就没被要求在标签上标识。在制定《辐照食品通用国际标准》时,即使已从科学上证明辐照不会使食品发生重要变化,但考虑到这是消费者敏感的核技术,还是从消费者的知情权上考虑,对辐照食品要求强制标识。实际上,CAC规定的辐照食品标识非常严格,不只是辐照的食品需要标识,当辐照食品作为食品的加工材料时,也必须在原料表中说明。

强制要求辐照食品进行标识,满足了消费者的知情权,但在科普不到位的情况下,确实影响了食品辐照技术的推广。人们对辐照技术的应用小心谨慎,增加了不必要的标识规定,让食品生产商很是犹豫是否要用这项技术,即使是技术上有需求、经济上有效益,也还是担心添加标识会影响产品的销售。

谨慎对待,保障技术推进安全可靠

证实了食品辐照技术的安全性后,科学家又进一步认真研究了辐照的关键参数——剂量的安全性范围。这部分内容对普通消费者来说有点深奥,却是辐照食品管理者特别关注的部分。我国现行的食品安全国家标准GB 18524—2016中,就有一条"5.2.5.3 重复辐照食品的累计剂量不应超过1万戈瑞"。

其实,超过1万戈瑞辐照的食品也是安全的。

1980年,辐照食品联合专家委员会(JECFI)经过审阅并评估了大量国际研究资料后,得出结论:以储存为目的的任何食品受到1万戈瑞以下的辐照,没有毒理学危险,在营养学和微生物学上也是安全的。据此,国际食品法典委员会(CAC)于1983年正式颁发了《辐照食品通用国际标准》,为各国辐照食品法规的制定提供了依据,引导和推动着食品辐照技术在世界各国的研究和应用。需要说明的是,标准中规定以1万戈瑞辐照剂量为上限,原因是当时收集到的数据多为1万戈瑞以下的研究数据,严谨起见,在标准中设定一个上限值。

后来,科学家又对高剂量辐照的安全性做了评估。经过研究和数据收集,1999年10月,WHO参与的评估报告发布了不必设置一个最高剂量上限的研究结论,并指出在当前技术可达到的任何剂量范围内的辐照食品都是安全的,并具有营养适宜性。这个结论推动了《辐照食品通用国际标准》在2003年的修订。在标准的修订过程中,是否取消1万戈瑞辐照剂量的上限是争议的焦点。反对者认为:虽然现在研究数据证明高于1万戈瑞辐照的食品不存在毒理学或其他安全性的问题,但这并不意味着以后的研究也一定没有问题。欧盟及日本等国家出于贸易保护方面的考虑,反对取消剂量上限,而中国、美国等农产品出口国则支持取消辐照上限的决定。经过激烈的争论,最后的标准采用了一个折中的方案,即辐照剂量应该在1万戈瑞以下,但在需要时可以应用1万戈瑞以上的辐照剂量处理食品。应该说,修订后的标准放松了对食品辐照剂量的上限要求。我国是食品法典委员会的会员国,在我国的国家标准中也体现了这一内容。

尽管科学家证实了所有剂量的辐照食品都是安全的,但标准中还是对剂量的上限做了限定。这可能给不太了解辐照技术的人一种误解,认为高剂量就是有害的,甚至把辐照剂量和添加剂中的剂量相提并论,而监管人员要根据标准严格限制剂量,这就给消费者的理解和管理者的监管都带来了更多的疑虑。

高科技检测,保障辐照食品有迹可查

辐照处理后的食品从外观上大多看不出来变化。与热处理比较,食品成分的变化也小得多。但标准中规定了标识的要求,怎么执行呢?需要有检测辐照食品的方法。这样才能根据检测结果来确定食品是不是经过了辐照。

找到鉴定辐照食品的方法很不容易。人们经过多年的研究,探索了很多种方法,终于能在辐照食品中检测到辐照处理引起的某些物质的细微变化,如微生物数量的变化、物质微观形态结构的变化、化学和物理性质的变化和特异辐解产物变化。辐照食品鉴定方法就是通过这些细微的变化来鉴定食品是否经过了辐照处理。欧盟已颁布的辐照食品检测标准有 10 个,多数被国际食品法典委员会(CAC)采纳,用这些方法可以鉴定食品是否被辐照。这些方法均需要昂贵的仪器、复杂的样品前处理方法,耗时耗力才能鉴定出食品是否经过辐照,检测费用很高。

2016 年,我国根据实际需要,在欧盟制定的 10 个辐照食品检测方法的基础上,颁布了 4 个辐照食品检测方法标准。它们分别是 GB 21926—2016《食品安全国家标准含脂类辐照食品鉴定 2-十二烷基环丁酮的气相色谱-质谱分析法》、GB 31643—2016《食品安全国家标准含硅酸盐辐照食品的鉴定热释光法》、GB 31642—2016《食品安全国家标准辐照食品鉴定电子自旋共振波谱法》、GB 23748—2016《食品安全国家标准辐照食品鉴定筛选法》。虽然我国的检测标准比欧盟少,但基本能满足目前我国辐照食品的检测需求。

标准规定的大部分方法都很烦琐,为了尽可能简化,辐照食

辐照技术——食品的安全卫士

品鉴定方法分为两类:筛选法和确认法。首先利用简单快速的筛选法确认食品有没有经过辐照处理,在此基础上,对筛选可能是辐照食品的样品用烦琐的确认法进一步检测确认。但也有部分食品不适合用筛选法,只能直接用确认法去鉴定。

下面简单介绍一下我国采用的标准方法。

1) 筛选法(GB 23748—2016)

筛选法包括光释光法和DNA彗星试验法。光释光法可用于筛选出含硅酸盐物质的食品,方法原理是含有硅酸盐矿物质的食品经过电离辐射后,硅酸盐类物质会接受并储存γ射线或电子束的能量。当一定波长的光再次照射样品时,这个储存的能量就会再次激发释放,产生光释放光信号。利用光释光检测仪测试光信号的强度,比较强度的大小,就可以知道样品是否经过辐照。没有发现光释光就基本可以判定没有经过辐照。关于光释光的判定比较复杂,这里不再详细介绍,感兴趣的可以找专业书籍进一步学习。这个方法适用于草药、香辛料、水果、蔬菜等含有矿物质残渣的样品,使用范围较广。

DNA彗星试验法的检测原理是DNA分子经过辐照后会发生断裂。DNA彗星试验法将细胞包埋在琼脂中,用裂解试剂溶解细胞膜,然后在一定的电压下进行电泳。受损的DNA片段在电场中向阳极方向快速移动,形成尾状分布。染色后,DNA受损的细胞就会出现彗星状电泳图谱;没有受辐照的细胞DNA基本是完整的,所以图谱接近圆形或者轻微拖尾。但是,断裂碎片并不是辐照独有的特异产物,很多化学和物理处理方法都会产生碱基自由基等片段,其他过程如加热、反复冻融以及存储期酶的催化反应也能引起链断裂。因此,在电泳图谱中检测出断裂引起彗星尾状,也不能确认就是被检样品经过了辐照,还需要通过确认法去确认。含有微生物的食品均可以采用此方法。

2）含硅酸盐辐照食品的鉴定（GB 31643—2016）热释光法

热释光法的检测原理和光释光法相似。含有硅酸盐矿物质的食品在接受电离辐射时，硅酸盐物质能够通过电荷捕获方式储存辐射能量。这些硅酸盐被分离出来后置于一定的热高温环境，就会以光的形式释放储存的能量，这种现象称为热释光，其发光强度随样品吸收剂量增加而增大。通过仪器测量并记录热释光信号，计算其热释光发光曲线即 TL 发光强度 G_1；再将同样的样品经确定剂量辐照，测定其热释光强度 G_2，以 G_1/G_2 之值和两次发光曲线形状作为判断是否经过辐照的依据。热释光法比光释光法复杂，需要使用放射源对样品再次辐照，比较两次辐照的结果才能给出判断，这也让检测成本增加很多。该方法经常和光释光方法配合使用，已成功应用于中草药、脱水或半干蔬菜、香辛料、土豆、新鲜或半干水果、小虾、对虾等多种能分离出硅酸盐物质的辐照食品判定。

3）含脂类辐照食品鉴定（GB 21926—2016）2-十二烷基环丁酮的气相色谱-质谱分析法

这种方法的检测原理，是含有脂肪的食品经过常规的食品加工并不能产生 2-烷基环丁酮类化合物，只有辐照处理（γ 射线、X 射线和电子束）才能产生这类环状化合物，这是对上百种食品成分进行分析才得到的结果。因此，2-烷基环丁酮类化合物作为特有的探针化合物，可以用来鉴别含脂食品是否经过辐照处理，如肉及肉制品、奶制品、蛋制品、水产品、水果及坚果等。2-烷基环丁酮类化合物是一大类化合物，其形成与食品中脂肪酸的组成密切相关。在大多数含脂食品中，棕榈酸是含量较高的饱和脂肪酸,所以一般常用其辐解物 2-十二烷基环丁酮的存在鉴别含脂辐照食品。

4) 电子自旋共振波谱法(GB 31642—2016)

电子自旋共振波谱法的检测原理,是当食品经电离辐射照射后,会产生一定数量的自由基(具有不成对电子的原子或基团)。食品辐照后产生的大多数自由基寿命很短,通过自由基相互反应会迅速消失。但也有例外:坚硬的或相对干燥的,或含有硬组织的食品,如骨头、钙化的表皮、硬果壳、籽、核等,它们的组织中辐照产生的自由基扩散困难,有较长寿命。对这样的自由基外加一定的磁场,就会激发电子自旋共振。电子自旋共振波谱仪检测电子自旋共振现象,并记录电子自旋共振波谱线。电子自旋共振图谱上出现的典型不对称信号(分裂峰)可作为食品接受辐照的判定依据。此方法适用于含纤维素食品和含骨食品的辐照鉴定,包括干果、香辛料、新鲜水果蔬菜、谷物和含骨动物产品等。

根据我国目前的法规标准的规定,对辐照食品的检测和鉴定是必要的,也是必须的。一是便于政府监管,促进辐照食品按要求正确标识;二是促进公平贸易,包括进出口食品是否满足进口国辐照要求、辐照加工企业是否为获得非法利润将没有辐照处理的食品告知客户经过了辐照处理;三是提供辐照食品相关纠纷的仲裁依据;四是为保护消费者的知情权提供依据。

读到这里,你应该可以了解人们在应用辐照食品上花费的苦心了。首先,证明了辐照食品是安全的,然后为保护消费者知情权强制要求在产品上添加辐照食品标识,最后,为了验证标识是否正确,还研究出复杂的鉴定方法,以便更好地执行标准的规定。

建立法规和标准，保障辐照食品有规可循

首先要强调的是，各个国家规定辐照食品要经过批准才能用。这就像一个大毯子覆盖在地球表面，只有批准了才能揭起一块，没批准就不能动，很严格。没有批准就用辐照技术处理食品，会被认为违反管理规定，在国内企业会被罚款，在国际贸易中商品就会被退回。

接下来，我们一起整理回顾一下全球辐照食品的批准过程。

世界卫生组织（WHO）于1983年和1998年先后声明，辐照食品是安全的，不存在毒理学、营养学和微生物学问题。在此基础上，国际食品法典委员会（CAC）通过了《辐照食品通用国际标准》及《食品辐照设施推荐规程》等国际标准，食品辐照技术在抑制根茎类农作物发芽、杀灭谷物及食品中害虫及微生物、延长食品货架期方面得到较为广泛的认可。此后陆续有几十个国家批准了200多种辐照食品，并进行了商业化的应用。

各国建立食品辐照标准的主要技术依据有以下3个部分：CAC的标准、食品辐照国际大会和辐照食品国际顾问小组（ICGFI）对辐照食品应用的一系列文件。

食品辐照国际大会启动了国际食品辐照立法的进程，为其设定了基本原则和蓝图；ICGFI在食品辐照法规等方面的建议和CAC的食品辐照标准则成为各国制定食品辐照标准的主要参考。

大多数批准辐照食品的国家都要求对辐照食品进行标识，标识的形式可以是文字或图形。其中国际通用的图形标识如下，可用不同的颜色，但绿色比较多。

辐照食品安全无需担忧　致癌　致畸　致突变

辐照食品的世界公用通行证

与加热、冷冻、罐装以及微波等其他食品加工技术相比，食品辐照技术在应用前经过了前所未有的大量研究，但辐照食品进入市场仍然引起消费者的怀疑。究其原因，可能与这是一项原子能的和平利用技术有关，而且它还有一个令人容易产生不良联想的名字。

自20世纪40年代开始研究食品辐照技术以来，世界一些国家陆续开展了辐照食品安全方面的研究，并分别制定出本国或本地区相关的法规。目前，世界上已经有57个国家批准使用食品辐照技术，使用范围包括以下8类产品：豆类、谷物及其制品，干果果脯类，熟畜禽肉类，冷冻包装畜禽肉类，香辛料类，新鲜水果、蔬菜类及水产品等。

各国具体的批准情况如下：

（1）美国、加拿大、澳大利亚和新西兰等国家均批准了多种食品的辐照应用。

（2）欧盟的成员国中，有15个国家现在只批准了香辛料的辐照应用。

(3) 亚太地区为了满足国际贸易中对卫生和植物检疫的要求,将辐射处理作为一项可选的加工手段,对食品和农产品进行处理,已为越来越多的亚太区国家所接受。但亚太地区国家在食品辐照加工及处理的法规等方面存在较大的差异,如日本对射线辐照抱有很强抵触心理,因此对食品辐照技术使用条件的限制较其他国家更为苛刻,仅在 1972 年批准使用 γ 射线照射马铃薯,以防马铃薯发芽。中国、越南等国辐照食品商业化程度高,辐照已经成为食品企业认可的一种杀虫灭菌方法。

　　(4) 非洲地区目前仅有南非批准了几种食品的辐照应用。

　　(5) 南美地区多个国家也批准了食品辐照技术的应用,其中巴西最为积极。目前在巴西,辐照技术作为一种食品加工方法,可以用于所有的食品。

　　我国已经建立了食品辐照技术应用的标准框架,目前执行的有卫生标准、规范标准和鉴定标准。卫生标准主要针对什么样的食品可以辐照;规范标准规定了怎么操作以及如何进行辐照;鉴定标准是用来确定食品是否经过辐照处理的检验方法标准。

　　我国现行的辐照食品卫生标准均为 20 世纪 90 年代制定,是分类制定的系列标准,共 8 项。具体标准名称如下:

　　(1) GB 14891.1—1997　辐照熟禽畜肉类卫生标准;

　　(2) GB 14891.2—1994　辐照花粉卫生标准;

　　(3) GB 14891.3—1997　辐照干果果脯类卫生标准;

　　(4) GB 14891.4—1997　辐照香辛料类卫生标准;

　　(5) GB 14891.5—1997　辐照新鲜水果、蔬菜卫生标准;

　　(6) GB 14891.6—1994　辐照猪肉卫生标准;

　　(7) GB 14891.7—1997　辐照冷冻包装畜禽肉类卫生标准;

(8) GB 14891.8—1997　辐照豆类、谷类及其制品卫生标准。

2010 年开始,按照国家整合食品安全标准的要求,相关专家工作组对这 8 个卫生标准进行梳理,并将水产品添加到辐照产品的种类上,整合成 1 项标准,即《食品安全国家标准辐照食品》。但该项整合标准在 2019 年终止,没能颁布。

辐照规范方面,2016 年,卫计委颁布了 GB 18524—2016《食品安全国家标准食品辐照加工卫生规范》,新标准整合了辐照加工的国内外标准和辐照设施运营的需求,指引我国相关企业更好地利用食品辐照技术。

目前我国市场上销售的大部分辐照食品都按照有关标准的规定进行了明确的标识。如:我国产量最大的辐照食品泡椒凤爪在显著位置标有"辐照食品"标识;我国方便面产品调料包上均标识"脱水蔬菜、香辛料采用国际惯用辐照杀菌技术处理"。

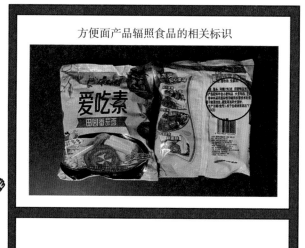

方便面产品辐照食品的相关标识

而在 2009 年前,我国辐照食品标识并不规范,主要原因有二:一是当时我国还没有建立健全的辐照食品鉴定的国家标准,也就是说还没有能力监督"辐照食品标识"的执行;二是厂家担心进行标识后会对自身产品销售产生负面影响。

　　可喜的是,近年来辐照食品标识的执行明显好转。首先是因为辐照食品的国家标准进一步完善,其次通过"食品安全事件"的风险交流方式,越来越多的商家和消费者对辐照食品的认识也在提高。2009 年的"辐照门"事件就是很好的一个例子。2009 年 6 月,河南杞县辐照用的钴源因机械故障导致源棒不能降至井水中,操作人员不能进入辐照室,辐照室内的调味品在长时间连续辐照后发生自燃,引起群众恐慌。7 月又有康师傅等方便面调料包没有辐照标识的问题曝光,辐照食品的安全性问题引起了我国消费者的关心和担忧。随后,针对这样的情况,有关方面组织科学工作者通过媒体连续、密集地向消费者进行有关食品辐照技术的解释宣传;卫生、农业等相关部门和国际组织也分别作出了关于辐照食品安全性方面的解读,从而让消费者较充分地了解这项技术,认识到食品辐照给人们生活带来的便利。其后,带有"辐照食品"标识的食品也逐渐为人们所接受。

　　我们已了解了如何使辐照装置安全运行,如何保障辐照食品安全。接下来,让我们跟随辐安安,近距离了解一下我们身边的辐照食品及应用吧。

第 4 章

进口农产品辐照
——守卫国门的"安全锁"

在进口农产品进入国内市场前,科学家们会依照标准使用辐照技术对它们进行特殊的处理。藏匿在进口农产品中的有害生物,存活率会降低。在原有检疫技术的基础上,再额外加上一道"安全锁",可进一步保护国内的生态安全,降低有害生物入侵境内的风险,可以说,辐照技术是守卫国门的安全锁。

检疫和植物检疫

在介绍植物检疫前,我们先要认识检疫(quarantine)的概念。"quarantine"源于拉丁语"quarantum",意思是"四十天"。最初,它是在进境港口对旅客实施隔离检查的一种措施,目的是防止人类传染病的传播蔓延。后来,地区间贸易不断发展扩大,科学技术也日新月异,人类在社会实践中逐渐认识到检疫措施也可以用来防止外来的动植物疫情疫病传播和蔓延。因此,这个词的含义也逐步扩大,拓展到对动物传染病、寄生虫病和植物危险性病虫、杂草以及其他有害生物的隔离检查。

通过对进出口动植物及其产品，包括运输工具、包装材料等实施管制和检疫，防止寄生虫、病菌、害虫、杂草等有害生物和动物传染病的跨境传播，就叫作植物检疫（plant quarantine）。各个国家对进出口动植物采用严格的检疫制度，它以保护本国的农林牧渔业生产安全和人民健康为目的，出于扩大各个国家对外贸易和履行国际义务的需要。可以把检疫看作一张横跨在海水域和淡水域之间的"半透膜"，要是没有这道过滤网，那麻烦可就大了。因为空气或者液体中的悬浮颗粒其实一直在不断地随机碰撞，这种碰撞运动就是布朗运动，运动会让两片水域迅速混淆，那些原本生活在淡水域中的河虾，或许会因为海盐的入侵而浑身发痒，最后脱水而死。

海水域、淡水域，或是沙漠、雨林、沼泽、草原，这些我们皆可称之为生态系统，它们都有自己独特的密闭空间，也有各自的边界。这种自然界的独特密闭空间内，生物与环境构成了统一的整体。在这个统一整体中，生物与环境之间相互影响、相互制约，并在一定时期内处于相对稳定的动态平衡状态。这些错综的边界之间偶然会产生一些小摩擦，比如甲地生物侵吞乙地的资源，乙地生物又占一点丙地的小便宜，不过终归还算平衡，这就叫自然扩散，即生物本身的自然习性（例如迁飞等）或自然环境条件导致的近距离传播。

然而，随着经济全球化进程的加快，全球贸易逐步增长，车、船飞机、旅货进出频繁，让上述这些原本相对密闭、沟通甚少的生态空间躁动起来了——人为传播逐渐占了上风。比方说搭乘便车周游世界的红火蚁先生，它的拉丁名意指"无敌的"蚂蚁，因难以防治而得名。红火蚁（solenopsis invicta）原来只是南美的"原住民"，后随人类活动传播，成为极具破坏力的入侵生物之一。在中国,红火蚁亦是入侵生物,现在中国广东境内也能看到它们嚣张跋扈的身影。这类无序的生物躁动,带来的是混乱。它们可以改变和破坏原有生态系统的结构以及长期形成的稳定生态系统的位点均势,进而引起生态系统结构失衡和功能退化、本土物种数量减少乃至灭绝、生物多样性严重丧失,甚至造成持久性和不可逆转的破坏,形成我们所知的生物入侵。这种混乱,除去对生态环境的破坏(生物多样性方面)以外,还会对农林牧渔业、旅游、国际贸易、交通运输等行业造成巨大破坏;对国家造成巨额经济损失,严重影响国民经济正常运转;并威胁人类和动物的健康。

外来有害生物种类繁多,来势凶猛且危害严重,已经成为一个全球性的问题。国际社会非常重视这一问题,世界各国为了保护本国利益,还纷纷制定严格的法律法规,建立起植物检疫这

海关工作人员正在检查入境西瓜（植物检疫）

样的防御体系。科学家依据防御控制外来生物入侵相关的法律法规,研发各种化学处理和物理处理的方法,以便于对进境限定物采取官方限制,防止有害生物跨境传播。可以说,植物检疫在避免或减轻外来有害生物入侵及危害的工作中有着举足轻重的地位。

辐照——植物检疫中的好帮手

科学家们会将诸多手段应用于植物检疫的工作中去。他们面对的有害生物各不相同,因此,对应的处理方式也不尽相同。通常,操作方法包括化学处理和物理处理。化学处理主要以化学药剂为基础,用化学方法达到杀虫灭菌的效果,以减少生物入侵的可能性。它包括熏蒸处理、烟雾处理、药剂浸泡处理等方法,其中,熏蒸处理相对经济实用,而且效果显著,成为应用最为广泛的处理方法之一。而物理处理则包括热处理、冷处理、辐照处理等方式。

在诸多方法中,检疫辐照处理是一种新型检疫处理技术。它利用γ射线、X射线和电子束照射货物及其携带的有害生物,导致货物中有害生物死亡、不能继续发育或丧失繁殖能力,进一步阻止有害生物借助货物进境传播和扩散。研究发现,那些藏匿在货物中的有害生物吸收射线的剂量越多,它们发育或繁殖的能力越弱。辐照射线本身不会在被处理货物中留下任何化学残留,具有安全环保、处理快速、不受温度限制等一系列的优点。

这种处理方式对货物,特别是水果、蔬菜等鲜活产品的品质影响较小。也就是说,哪怕蔬菜水果接受了较高剂量的辐照,也没有毒理学的危险和营养方面的差异。甚至,经过一定的剂量

辐照技术——食品的安全卫士

辐射后,蔬菜水果还具有储藏保鲜和延长货架期的作用。1980年,辐照食品联合专家委员会(JECFI)评估了新鲜水果和蔬菜的检疫辐照处理技术,认为辐照处理是一种有效的检疫处理方法。

随后,科学家也在不断的试验中发现,只需要 50~600 戈瑞的吸收剂量就能对藏匿在这些蔬菜水果中的有害生物造成极大的影响。在美国佛罗里达州,每年有 500~750 吨的芭乐接受250~550 戈瑞剂量的辐照;在夏威夷,X 射线装置以 400 戈瑞辐照剂量运行下,每年可以处理超过 13 000 吨水果,包括甘薯、红毛丹和龙眼,少量的苹果、香蕉(芭蕉)、咖喱叶、火龙果(火龙果属)和山竹。辐照能处理水果中藏匿的多种害虫。辐照检疫所需要的剂量远远小于 1980 年的国际标准提到的剂量上限 1万戈瑞。

辐照处理在检疫领域的发展

国际上对辐照技术的研究已经有很长的历史了,这在本书的其他篇章都有提到过。

本章主要介绍辐照处理在检疫领域的发展史。1986—1990年,联合国粮农组织(FAO)、国际原子能机构(IAEA)联合组织开展了题为"辐照作为食品和农产品的检疫处理方法"的协调研究项目。辐照食品国际顾问小组(ICGFI)在项目结束后,根据CRP 研究成果出版了第 13 号文件《新鲜水果和蔬菜的辐照检疫处理》。

1991 年,ICGFI 又组织成立了工作小组,在原有工作基础上,继续论证了辐照作为新鲜水果和蔬菜的检疫处理方法的合理性。该工作小组评估了 FAO/IAEA 研究项目的结果和常规检疫方法,认定已有的研究成果,最终证明了辐照可以保证有效处理各种进出境商品中可能存在的大多数害虫,具有检疫安全性,并重申了1986年ICGFI推荐的剂量,声明:对于任何商品上的实蝇类有害生物或者其他害虫(可能造成生物入侵的),辐照都是一种行之有效的检疫处理方法。

1993年,检疫处理的研究进入了"后溴甲烷"时代。原本利用溴甲烷处理进出境商品的方法一直存在争议,后来,《蒙特利尔议定书》哥本哈根修正案明确要求淘汰溴甲烷在相关工作中的应用,这也快速推进了水果害虫辐照处理、强制热空气处理等溴甲烷替代技术的深入发展。

1994年,ICGFI又出版了名为《新鲜水果和蔬菜的检疫辐照处理》的文件,推荐了新鲜水果和蔬菜辐照检疫处理的最低吸收剂量、辐照处理方法及水果和蔬菜的耐受能力等。至1995年4月,夏威夷还没有商业化辐照设施,动植物检疫局特批,将地产新鲜水果空运到芝加哥的钴源辐照厂进行辐照处理(当时设定的最低吸收剂量为250戈瑞),并将处理后的水果投放到伊利诺伊州和俄亥俄州的超市销售,首次实现了检疫辐照处理的商业化应用。

我国开展食品辐照和昆虫不育技术研究始于20世纪50年代。当时主要研究昆虫不育技术,即利用辐照技术使昆虫不育,然后通过大量释放人工饲养的辐照不育或部分不育的成虫,与野外种群混合,任其自由交配,造成后代不能发育。这进一步有效降低了野外虫子的数量,达到一定的防治效果。这项技术应用于有害生物检疫工作的研究起步则较晚。从20世纪90年代起,我国参与了IAEA组织的国际协调研究项目,研究了谷斑皮蠹和荔枝蒂蛀虫(两种有潜在威胁的有害生物)的检疫辐照处理技术,并开展了小麦矮腥黑穗病菌的灭菌处理技术研究。

进入 21 世纪以来,我国在检疫辐照应用方面的工作逐渐扩展,开展了辐照设施、有害生物辐照处理等方面的技术研究工作,包括林木害虫、水果内食性害虫和粉蚧、仓储害虫等的研究。这些工作给辐照在检疫工作的应用打下了非常牢固的基础。加之,水果检疫在过去的处理中常用的熏蒸剂二溴乙烷、溴甲烷分别有致癌和破坏臭氧层的副作用,辐照应用愈加大有可为。目前,我国已在制定橘小实蝇检疫辐照处理的剂量标准及水果检疫辐照处理的技术要求,并积极推动辐照技术在检疫处理中的应用。在广西壮族自治区的凭祥口岸,我国还建立了电子加速器辐照设施,用于东盟进口水果的检疫辐照处理。

辐照检疫一出,害虫无所遁形

检疫辐照处理的安全性

辐照处理的目的是使得混入进境货物中的有害生物难以继续发育或繁殖。但是,很多有害生物其实是寄生在货物上的(寄主植物），辐照的过程中，寄主产品是被一同处理的。所以，在考虑检疫处理的安全性时，不仅需要保证生物安全，而且还要保证寄主（货物）安全。前面已经提到，辐照技术完全可以应用于检疫处理，因为它导致有害生物不育的剂量远远低于食品可能产生毒理学危险的剂量。

不过，科学家仍然在探寻有害生物的最低吸收剂量。所谓最低吸收剂量，指的是可以将有害生物杀灭和致不育的最低有效剂量，也就是最小辐照值。这类研究从 20 世纪 60 年代就开始了，70 年代以后，FAO 和 IAEA 成为检疫辐照处理国际合作研究者的领导者。它们组织有关国家的研究机构对水果携带的实蝇和芒果果核象甲等进行了深入细致的研究。另外，IAEA 还专门建立了"国际昆虫杀灭和不育数据库"，收集了能将害虫杀灭和致不育的最低有效剂量及相关研究成果的摘要和参考文献。

从开始研究到应用食品辐照处理技术的几十年来，大约有 30 多个国家的科学家相继开展了卫生安全性方面的系统研究，研究试验工作的深度远远超过历史上任何一种食品加工技术。长期的动物毒性试验结果证明，食用辐照食品的试验动物的生长、发育、遗传与食未经过辐照处理食品的试验动物完全相同，这一结果基本可以打消使用者对"辐照食品"这个名字的误解。辐照食品并不是具有放射性的食品。有科学家建议，经过低剂量检疫辐射处理的食品，不须归入"辐照食品"的范畴，也不必粘贴标识，以减少强制标识对商业化的影响，促进检疫辐照处理的技术发展和应用。

检疫辐照处理主要应用于水果蔬菜。针对全球关于鲜活产品的感官品质的研究，科学家进行了总结，结论是：目前在国际

辐照技术——食品的安全卫士

贸易中,水果这类敏感性的高风险产品都能够耐受检疫辐照处理规定的剂量。

这就意味着,我们完全不必杞人忧天、谈"辐"色变。我们所需要做的是放心大胆地相信科学家,用这项新技术维护我们国家的生态平衡,避免有害生物造成入侵行为。

辐照打败了臭名昭著的芒果果核象甲

芒果果核象甲(*Sternochetus mangiferae*)这个名字听起来很怪,它是一种最早在圣路西亚岛发现的小型昆虫,可以在一定程度上危害芒果的种子。芒果果核象甲成虫会在幼嫩果及成熟果果皮下产卵,卵在芒果体内孵化成为幼虫,钻蛀进入果核(种子),并在其中发育化蛹,致使芒果失去食用和种用价值。受芒果果核象甲危害的果实,从外表看与健康芒果似乎没什么不同,但切开种皮之后,可以看到子叶严重受害,并有粪便。通常果实成熟期短于该虫生活周期的品种受害较轻,成熟期长的受害重。

由于芒果果核象甲特殊的隐蔽性以及其对芒果的危害性,很多国家禁止从疫区进口芒果果实及引进芒果种子;少量用于科学研究而引进的种子,入境前必须清除芒果的果肉,一旦发现害虫,需要立即销毁;并严禁带土引入芒果种苗。此外,在芒果旺季的时候,检疫部门还要加强对旅客携带物的检疫,防止有漏网之鱼蒙混过关,夹杂在旅客携带的水果中被带入境内。

这种害虫让很多科学家为之头疼。有科学家做了一系列的实验,并得到如下结果:针对芒果果核象甲使用50℃热水处理90 min或70℃热水处理5 min后,仍然发现有活虫。—12.2℃可100%杀死芒果果核象甲,但热带水果无法忍受如此低温;微

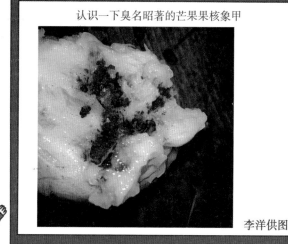

认识一下臭名昭著的芒果果核象甲

李洋供图

波处理和介电质加热等方法也会严重伤害水果;38.2 mg/L溴甲烷常压熏蒸 6 h 可达到 100% 的杀虫效果,但在 21.1℃ 和 26.7℃ 下真空熏蒸 2h,仍有 5% 成虫存活,二溴乙烷和氯溴乙烷的效果更差;硫酰氟处理无效,而且严重伤害水果的品质;能较为完美克制芒果果核象甲的办法是辐照。辐照目前被认为是针对芒果果核象甲唯一有效的检疫处理方法。可以说,辐照在和芒果果核象甲的斗争中胜利了,而且成为目前为止唯一能打败芒果果核象甲的检疫措施,再一次在实践中证明了它的本领非常强大。

第 **5** 章

葡萄干辐照——"开光"后的新生

"满筐圆实骊珠滑，入口甘香冰玉寒。"自汉代张骞出使西域将葡萄引进中原后，因其酸甜可口，营养丰富，老少咸宜，而倍受人们喜爱。其浓缩的精华——葡萄干，更是一种绝佳的休闲美食。然而，葡萄干从诞生到餐桌却经历了千辛万苦。它们必须战胜害虫，打败霉菌。现在我们就来看看从葡萄到葡萄干的奇妙历险吧。

葡萄干——葡萄涅槃后的精华

葡萄，具有"水果之神"的称号，相信大家都不陌生，可能我们每个人都享受过它的美味。葡萄营养价值丰富，浑身是宝，具有很多功效，但是它具有季节性。虽说现在栽培技术提高，物流速度加快，在不是葡萄的盛产季节也能吃到葡萄，但远不如盛产季节物美价廉。另外，葡萄的储存时间短，不便携带及运输，限制了大众随时随地食用葡萄的需求。葡萄干就很好地解决了这个难题，通过适当失水减少了大量的体积，不仅方便运输，更便于大家随身携带，而且最大限度保持了葡萄的营养，同时具有更长的保存时限，深受大家的喜爱。

葡萄干是个很形象的名词，借助日晒或人工加热使葡萄脱水而形成果干。所谓浓缩的就是精华，葡萄干也具有可以与葡萄匹敌的营养价值，甚至在有的方面，可能更甚于葡萄。为什么这样说呢？有句话说"吃葡萄不吐葡萄皮"，但生活中很多人是不吃葡萄皮的，葡萄皮中的抗癌成分白藜芦醇与抗氧化成分花青素就这样被丢掉了。反观葡萄干，在制作的过程中无法剥皮，那葡萄皮的营养就百分百的被摄取了。当然，葡萄干也不能完全代替葡萄。在制作葡萄干时，有一部分能够溶于水的维生素会随着水分蒸发而损失，还有一些活性物质（如类黄酮等）也有一定程度的散失。除此之外，葡萄的大部分有价值的成分都被保留下来了。接下来就让我们了解一下我们熟悉的葡萄干都有哪些营养价值与功效吧。

葡萄干是葡萄涅槃后的精华。葡萄干中的铁和钙含量十分丰富，其含铁量是新鲜葡萄的 15 倍，是儿童、妇女及体弱贫血者的滋补佳品，可补血气、暖肾，治疗缺铁性贫血；葡萄干含有的矿物质、维生素和氨基酸等可以缓解神经衰弱症状，对过度疲劳者也有益处；葡萄干中有丰富的葡萄糖，它可以为心脏提供营养，有助于冠心病患者的康复，也有助于低血糖者迅速补充能量，缓解低血糖症状；葡萄干中的酒石酸可以帮助胃肠道消化；并且葡萄干中的纤维也有利于肠道蠕动，减少毒素在肠中的停留时间；葡萄干中的类黄酮具有很强的抗氧化能力，有利于保护心脏，特别有益于局部缺血性心脏病和动脉粥样硬化性心脏病患者的健康；葡萄干中含有白藜芦醇，可以防止健康细胞癌变，阻止癌细胞扩散，常食葡萄干可以减少癌症发病率；美国专家发现，葡萄干中有齐墩果酸、齐墩果醛、白桦脂醇、桦木酸和五羟甲基二糠

辐照技术——食品的安全卫士

醛5种化合物,而这些物质是植物中的天然抗氧化剂,对口腔病原菌变形链球菌、牙龈卟啉单胞菌具有较强的抑菌活性,有利于牙齿和牙龈健康,因此葡萄干能够有效地防治蛀牙、牙龈炎和牙周炎等口腔疾病。作为深受大家喜爱的休闲零食,闲来无事或休闲娱乐时,随手一把葡萄干,让我们在吃着玩的同时获取了营养,促进了健康。

葡萄干不仅是我们休闲娱乐时的食品良伴,也是烘焙食品的良伴。葡萄干不但可以增加面包的甜味,更是增加纤维素的理想物料。对于松饼类点心,葡萄干不仅能够加强质感对比,更是一粒粒味道增强剂,令松饼更加美味。另外,葡萄干也可以进一步加工成浓缩液,这些浓缩液富含防霉成分物质,在不同种类的面包、饼干和曲奇中起到良好的防霉效果。

葡萄干还可以用于酿制干白葡萄酒。采用鲜葡萄酿酒,会受到葡萄收获季节和鲜葡萄不宜长期保存等限制,从而不能实现常年葡萄酒发酵,造成榨季葡萄酒发酵设备不能满足需要,而榨季后却闲置不用。采用便于保存的葡萄干为原料,则可以实现干白葡萄酒的常年生产。说起葡萄干酿酒,这里还有一个关于诺亚方舟和葡萄酒的传说。据说很久以前,地球上发生洪灾。诺亚一家乘坐预先制好的方舟,漂泊在大水之中。他们所带的物品里有很多葡萄干。由于船舱漏水,船内葡萄干逐渐腐烂。粮食被吃光后,人们不得不从葡萄干中挤出水分来充饥,吃了的人都觉得有点头晕,但精神振奋,心情愉悦,开始唱起歌跳起舞来,全船充满了热闹欢快的气氛。大家都对此景象感到怪异。后来,再次饮用了葡萄干水,又发生了同样的事情。这时,大家意识到饮用葡萄干浸泡的水能提起精神,活跃气氛。三个月后,大水退了,和平安宁的生活重新开始。人们特意将葡萄干进行浸泡,酿出液体饮用,并把这液体称之为"酒"。同时,人们还把葡萄干同其他干果一起酿制果酒,打破了时间、地域对果酒酿造的限制,实现常年规模化和标准化生产,并且进一步丰富了产品的风味和营养价值。

除了食用,葡萄干还可以入药。科学家研究表明,葡萄干提取液对耐药性强的革兰氏阳性金黄色葡萄球菌和革兰氏阴性铜绿假单胞菌均有明显抑制作用,这为多重耐药金黄色葡萄球菌及铜绿假单胞菌临床抗感染治疗提供了思路。

葡萄干不但功效多,种类也比较繁多,种类不同,制作方法也不同。例如,吐鲁番特有的绿色葡萄干,有特别的干制方法,既不能在普通的露天下晒干,也不能用烘干房干燥,只能是独特的晾房里进行阴干。现在就以此为例,看看一粒粒新鲜水灵的葡萄是怎样蜕变为葡萄干的。

当金秋季节来临,在一个个阳光明媚的日子,一串串晶莹剔透的葡萄便从葡萄藤上经过一番洗礼后转到了晾房。葡萄晾房是吐鲁番的一大景观,房子长长方方,墙壁上开凿了许多整整齐齐、大小一致的方形孔,不仅可以透进缕缕阳光,而且也可以保持空气流通,易于葡萄自然风干。晾房中,串串青翠甜美的葡萄,挂在房中的红柳枝条上,就像一个个士兵列队,正在等待热风脱水的锤炼。这时的葡萄,因为含有大量的水分,还是圆圆的晶莹剔透的"小胖子"。此后的每天,葡萄都像在晾房中蒸桑拿一样,经历高温、风吹,蒸发大量的水分。随着时间的推移,它们的皮开始慢慢变皱,身形也开始变得消瘦。在晾房中经过四十多天的千锤百炼后,葡萄就涅槃成了一颗颗鲜亮碧绿、甘甜爽口的葡萄干,瘦小而精干。犹如宋代杨万里在其诗作《蒲桃乾》中描述的"凉州博酒不胜痴,银汉乘槎领得归。玉骨瘦来无一把,向来马乳太轻肥。"

葡萄干的忧愁与求助

葡萄干丰富的营养可为我们提供美味和健康,但也因此成了微生物和昆虫垂涎的对象,霉变和虫害是葡萄干生产中常见的问题,也是葡萄干生存的最大忧愁。知彼知己,百战百胜。让我们先了解一下葡萄干的这两个敌人吧。

葡萄干霉变是由霉菌侵染引起的。霉菌广泛存在于自然界中,无处不在,可以说我们身边的环境就是霉菌繁殖的保育箱。霉菌产生的孢子能够长时间漂浮在空气中。无论是在葡萄园中,还是葡萄晾房里,霉菌和其孢子都无孔不入,它们附在葡萄表皮上或葡萄肉眼看不到的细小伤口上,一旦遇到适宜的温度和湿度就会快速繁殖,使葡萄干出现肉眼可见的霉菌污染,也就是我们常见的"长毛"。即使没有"长毛"现象,受霉菌侵染的葡萄干外观上看不出异常,但只要检测一下微生物,就经常会发现霉菌含量超标,不符合食品卫生标准。

虫害是葡萄干的另一个重要敌人。由于葡萄干含糖量高且营养丰富,如果葡萄制干时环境控制不好,可能会引来虫蝇,产下虫卵,带有虫卵的葡萄干在储藏、销售过程中就会因虫卵孵化导致产品有虫。未经任何处理的葡萄干在储藏过程中,每年5—7月便开始生虫。科学家对新疆地区的红枣、葡萄干、核桃等干果储藏害虫的调查研究表明,印度谷螟为该地区干果储藏中的主要害虫,其危害率达100%。此虫在新疆地区一年可繁育三代,而在重庆这种温暖的地方甚至一年就可以达到"四世同堂"。为了抑制虫卵孵化,防止害虫蛀食葡萄干,需要把葡萄干储藏在密封、干燥低温（5～8℃）的环境，这为葡萄干的加工、运输和销售都带来很大困难。

除了霉菌和虫害，由于葡萄干的原材料是从自然环境中采集的新鲜葡萄，还带有大量的微生物，其中不可避免有腐败微生物和致病微生物。这些有害微生物可能导致葡萄干腐坏变质，出现软烂、发酵味等异常。如果食用了带有致病微生物的葡萄干，就会危害身体健康，轻则腹泻、腹痛，重者可能出现上吐下泻、高热、昏迷，甚至休克等严重的食物中毒症状。

辐照葡萄干—安全的休闲美食

涅槃后的葡萄干，由于受霉菌和虫害侵扰，还需要"开光"才能迎来真正的新生。要让美味营养的葡萄干安全无害，急需一种安全、无毒、无味且快速高效的保障手段。目前，国内葡萄干有两种加工方式，一种是简单的粗加工，即晾房中的葡萄干取下后，堆放回软，然后简单地除梗、除杂后便进行称重包装；另一种就是精加工，即采用机械设备进行机械除梗、除杂后，再进行葡萄干分级、清洗、脱水、上油、品质检测、卫生检测后称重包装。这两种加工方式都没有杀菌、除虫卵的效果，而且在葡萄干的后期加工过程中需要对葡萄干进行拣选分级，经常由于设备卫生不合格或人工拣选分级都可能对葡萄干造成再次污染。因此，最理想的方式是在葡萄干包装后进行杀菌、除虫卵处理，让包装内的葡萄干变得干净卫生，在包装的阻隔下也不再有被微生物或昆虫再次污染的可能。要做到这些，辐照技术是不可替代的。

辐照——葡萄干的护卫天使

辐照有百年应用历史，世界各地也开展了很多有关辐照杀虫、辐照食品杀菌保鲜的研究。比如国内科学家研究发现，对于危害率100%的干果储藏害虫印度谷螟，不同虫态下对电子束辐照的敏感性由高到低依次为卵＞幼虫＞蛹＞成虫。经过一定剂量的电子束辐照后，可以让印度谷螟的卵、幼虫、蛹患上侏儒症，停止发育为成虫。另外，国外的科学家研究也表明，适当的γ射线辐照既可以阻止不同虫态的印度谷螟继续发育，也可以让成虫"后继无虫"。由此可见，适当剂量辐照不仅可以有效防止虫卵孵化，亦可以抑制不同虫态下害虫的生长与发育，实现辐照控制虫害的效果。

正是因为辐照技术对害虫的强大抑制作用，辐照在保持葡萄干品质方面的优势正在得到广泛应用。辐照不仅可以解决葡萄干生虫的问题，还可以解决其发霉变质的问题。经过一定剂量辐照处理后，无核葡萄干的霉菌量也明显降低且符合《绿色食品干果》对葡萄干霉菌量的规定。作为葡萄干的护卫天使，辐照技术名副其实。

说到这里，人们可能会担忧，辐照能杀灭虫卵和微生物，那会不会影响葡萄干的品质呢？答案是不会。科学家研究表明，

正在排队进入辐照室的葡萄干

经过一定剂量辐照的无核绿色葡萄干,除总糖外,其余成分如还原糖、总酸、丹宁、水分、维生素 C 含量均无显著变化,因此,适当的辐照对无核绿色葡萄干主要营养成分未产生明显不良影响。

1995 年辐照食品国际顾问小组(ICGFI)制定了《干果坚果辐照杀虫工艺》,葡萄干辐照有了第一个可以依据的法规。2001年,我国制定了 GB/T 18525.4—2001《枸杞干葡萄干辐照杀虫工艺》,于 2002 年开始实施,为规范葡萄干辐照工艺,确保产品辐照质量。该标准为我国葡萄干的辐照处理提供了标准依据。由此可见,葡萄干辐照杀菌除虫经过了科学研究,通过这里研究数据形成葡萄干的辐照法规、标准,为葡萄干品质安全护航,辐照杀菌除虫的葡萄干就可以放心食用了。

第 6 章

大蒜辐照——抑芽"催眠师"

前面讲了辐照能除虫杀菌,保障食品卫生安全。你知道吗?辐照对我们食品的保护不止这些,它还可以抑制蔬菜发芽。这里就以大蒜为例,看一下辐照是怎么像个催眠师一样保持蔬菜的营养和新鲜吧。

大蒜——人类健康的"守护者"

说起我们熟悉的大蒜,你可能不知道它还是个舶来品。据说大蒜的历史可以追溯到 6 000 年以前。大蒜又称蒜或胡蒜,原产于欧洲南部和中亚,最早在古埃及、古罗马等地中海沿岸国家栽培,后不断向东传播。汉代张骞出使西域时把大蒜带到了中原,所以大蒜在中国的栽植历史也有两千多年了。相传,公元前 139 年,张骞奉汉武帝之命出使西域,途经匈奴被抓,匈奴人对他百般刁难,吃不饱吃不好,加上环境恶劣,他就开始生病,其症状是上吐下泻。为了生存,张骞只好寻找身边可以充饥的东西,见房前屋后生长着一堆堆当地人称为"葫草"的"野菜"。张骞第一次见到这种野草,不知道是否能吃,但为了充饥,只能吃了试试。结果奇迹发生了,他不仅没有出事,病也好了。凭着"葫草",张骞度过了艰难的日子,在完成使命回国时,他便把这"葫草"带回中原。

除了杀菌治病,关于大蒜食用功效还有其他方面的冷知识。一是吃大蒜可以使人快乐,吃大蒜可以释放血液中的多巴胺和血清素等物质,而这些物质会让人感到快乐;二是"吃肉不吃蒜,营养少一半",大蒜中的大蒜素能和肉中维生素 B_1 结合产生蒜硫胺素,可延长维生素 B_1 在体内的停留时间,提高吸收率,产生营养素协同作用;三是紫皮独头蒜营养价值更高,紫皮蒜口感更辛辣,活性成分大蒜素的含量更高,抑菌效果也更明显;四是大蒜生吃效果更佳,大蒜含有蒜氨酸和蒜酶等有效物质,碾碎后它们会互相接触形成具有保健作用的大蒜素,但大蒜素遇热会分解。

这些功效让大蒜在人类的生活中不仅是最普及的一种蔬菜,也是一味常用的药物。李时珍在著名的《本草纲目》中提到,大蒜可以"除风邪,杀毒气";在古埃及,大蒜作为"健康守护神",被配发给奴工,用以维持建造金字塔的体力;在日本,大蒜被认为可以增强精力;在美国,国家癌症研究中心将大蒜列为 40 多种具有抗癌效果的食品之一,因此,美国也把大蒜列为基本保健食品;在德国,几乎人人都喜欢吃大蒜,为此经常举办欧洲大蒜节,政府为改善国民饮食习惯、预防癌症等疾病,大力推行"大蒜食品计划"。

大蒜之所以有这么多功效,究其原因,是因为其具有 400 余种对人体有益的物质。现代药理研究表明大蒜有抗肿瘤、抗炎、增强免疫力、降低血清胆固醇、预防动脉粥样硬化、降血糖、增强心肌收缩力、扩张神经末梢及冠脉血管、降低血压的作用。现代

辐照技术——食品的安全卫士

的临床应用研究也证实,大蒜确有解毒杀虫的作用,并能辅助治疗鼻咽癌、肺癌、胃腺癌等。

在这 400 余种有益物质中,大蒜的诸多生物功能要归因于其中的有机硫化合物,而其中最重要的有效成分就是大蒜素。但是新鲜的大蒜中并没有游离大蒜素,只有当大蒜被切割或破碎时,分布在大蒜不同部位的蒜氨酸和蒜氨酸酶相互接触反应,才会形成大蒜素。实验证明,把一小瓣大蒜放在口中咀嚼,可杀死口腔内细菌;把大蒜压碎放在一滴含有很多细菌的生水里,一分钟内可发现细菌死亡。由此可见,大蒜以生食为好。生食利于大蒜素形成,对多种细菌性、真菌性与原虫性感染均有治疗与预防价值。

大蒜虽好,但不宜存放,难以满足人们一年四季的生活需要。大蒜是百合科葱属植物蒜的鳞茎。新鲜大蒜鳞茎采收后,极易发芽,导致大蒜失去食用和药用价值,造成极大的损失。20 世纪 90 年代,在大蒜抑芽保鲜方面,辐照是商业化应用范围广且较为成功的方法。利用辐照处理技术,经过适宜剂量的辐照处理,基本解决了鲜食大蒜的周年供应问题。每到大蒜收获期,我们就有机会看到一车一车的大蒜头被运进辐照处理厂区接受辐照。用老百姓的话形容,就是"用激光照一照,就不发芽了"。这个"照一照",就是从 20 世纪末期开始研究应用的食品辐照技术。

那么,大蒜鳞茎采收后为什么易发芽?辐照技术又是怎么解决这个问题的呢?

休眠的"守护者"醒来了

相信大家在日常生活中,偶尔也会发现,买回来的大蒜,在避光、潮湿的条件下放久了,容易发芽,鳞茎中营养物质消耗殆尽,从而失去食药用价值。

说到发芽,首先要从休眠讲起。与发芽一样,休眠也是一种生命活动,被称为"生命的隐蔽现象"。对植物来说,就是植物器官停止生长或生长暂时停顿,仅维持微弱生命活动,有自然休眠和被迫休眠两种形式。块茎、鳞茎、球茎、根茎类蔬菜和落叶树冬季落叶不能萌发等都是一种自然休眠现象,是植物借以度过严寒、酷暑、干旱等不良季节,从而保存其生命力和繁殖力的一种适应手段。采收后的大蒜一般会有60~80天的休眠期,这对于人类的食物保存具有重要意义。但60~80天的休眠期一旦结束,大蒜的代谢活动就不断增强,很快就会萌发,长出细长的幼苗,蒜头的营养物质被耗尽。大蒜为什么会醒?是怎么醒的呢?

采后大蒜休眠期一般包括两个主要阶段,一个是生理休眠期(大蒜鳞茎发育过程中),另一个是强迫休眠期(适应外部环境变化过程中)。收获后的大蒜具有生理休眠的特性,这是大蒜鳞茎储藏的生理基础。此外,水仙球茎、百合鳞茎、洋葱鳞茎和马铃薯的块茎等均具有休眠特性。例如,薯块收获后即进入生理休眠,即使处于适宜发芽的环境条件下也不能发芽。洋葱休眠期则一般为45~70天,时间长短因品种而异。

与土豆、洋葱相类似,大蒜有60~80天的休眠期,但不同产区、不同品种的大蒜休眠期也长短不同,一般情况下,大蒜收获后20~30天,蒜瓣和蒜头外层叶鞘逐渐变薄,并干缩成具有保护作用的膜质鳞片。此后持续30~60天,在此期间即使外部条件适宜生长,大蒜也不会发芽生长。在生理休眠期间,大蒜的代谢活动较弱,储藏保鲜较容易。

生理性休眠期解除后,还可以通过环境条件或其他措施控制,使大蒜进入强迫休眠期,仍可抑制其发芽生长,使之继续处于休眠状态,大蒜仍不发芽。但大蒜自身的代谢逐渐活跃,储藏保鲜难度加大,具体表现为休眠结束后胚芽开始生长,营养物质消耗增多,鳞片逐渐干枯腐烂。大蒜鳞茎的呼吸随胚芽的生长而增强,鳞茎干物质含量的变化与呼吸速率变化相反,随胚芽生长而下降,蒜瓣中的可溶性糖含量下降,一部分作为呼吸基质被消耗,一部分转化为新芽中的蛋白质和维生素 C。大蒜休眠解除后呼吸强度、电导率、还原糖含量都不同程度增加,多酚氧化酶、抗坏血酸酶与蔗糖酶均显著增加。

由此可知,对于休眠状态已被打破的大蒜,再去通过环境条件或其他措施来干预,已经无法改变大蒜胚芽的生长及鳞茎的衰老进程。因此,我们可以考虑从延长大蒜的生理休眠期着手,去找寻适宜的大蒜催眠术,来完成催眠大蒜的终极目标。辐照技术就是我们找到的解决办法。

辐照——大蒜的催眠师

最早人们利用 ^{60}Co - γ 射线辐照大蒜,可以有效抑制大蒜萌芽生长,起到延长休眠期和储藏保鲜的作用。同时,射线辐照也是一种高效、无残留、适于大规模长期储藏的方法。可以说,辐照技术好似电影里资深的催眠大师一样,可以让大蒜快速入睡,并处于深度睡眠之中,显著延长其生理休眠期,达到抑芽保鲜的目的。

这里可能大家要问了,催眠师有哪些方法可以帮助大蒜入睡？如何让大蒜尽量长时间沉睡？真能像电影中拍摄的催眠大师一样让大蒜乖乖听话睡上个一年半载？辐照对大蒜的催眠都带来了哪些变化？

大蒜如何被快速"催眠"的呢？首先要明确的是，辐照可以催眠大蒜，但这是有前提条件的：辐照时机非常重要。大蒜要被快速催眠，并进入深度睡眠，催眠师对催眠大蒜的敏感时间必须了如指掌。为此，研究人员分别以河南郑州蒜、山东金乡蒜、江苏太仓蒜、江苏邳州蒜四个地方栽培品种为研究对象，探讨了辐照大蒜抑制发芽的敏感期。在大蒜休眠期，辐照 40 戈瑞即可抑制其发芽，辐照抑芽效果可达 100%。辐照抑制发芽的敏感期，江苏太仓蒜最迟为 9 月 15 日，河南郑州蒜、山东金乡蒜为 8 月 22 日，江苏邳州蒜则在 8 月 15 日。

这就好比针对不同的人，催眠师只要选对催眠手法，最终结果是一样的：患者都进入了睡眠状态，仅仅是入睡时间上的先后顺序不同罢了。

简单地梳理一下，可以理解为不管大蒜的品种和产地，只要在其休眠期进行有效的辐照，抑芽效果均可达 100%。大蒜可以快速地被催眠，生理休眠期显著延长。研究发现：6 月收获的山东大蒜，一般在 7—8 月进行辐照处理，可有效地抑制发芽，保鲜期达 8 个月以上；而等到 9 月进行处理的话，抑芽效果甚微；10 月处理不仅无抑芽效果，反而适得其反，有促进发芽的现象，即使加大剂量也达不到预期效果。

既然时机非常重要，如果错过了大蒜催眠最佳时期，是否就没办法抑制大蒜发芽了？其实还有一个时间窗口可以作为补救措施达到较好地抑制发芽的效果。研究表明，在大蒜生理休眠期完成，幼芽开始萌动时，其相对长度即大蒜幼芽长度（芽鞘）/

蒜瓣长不超过 0.33 时,通过提高辐照剂量到 80 戈瑞以上,还可以达到 100％抑制发芽的效果。但是当幼芽相对长度达到 0.35 以上时,提高辐照剂量的效果就不明显,剂量增大反而加速大蒜品质劣变,失去商品价值。需要强调一点,选择这个时间窗口去催眠大蒜,虽然抑制发芽的效果佳,但是由于大蒜鳞茎幼芽开始萌动,生理代谢活动加剧,蒜头的营养风味会下降较快。

大量的科学研究表明,大蒜辐照保鲜的技术关键是辐照时期和辐照剂量。辐照时期应在大蒜收获风干后、蒜头生理休眠期结束前,辐照实施时期越晚抑芽保鲜效果越差。

既然大蒜适宜的辐照时期那么重要,能不能另辟蹊径,通过延长大蒜的适宜辐照期,将辐照催眠大蒜的窗口期尽可能拉长一些呢?研究人员发现,低温(-2 ± 1)℃储藏能延长辐照大蒜的储藏期,冷藏至当年年底出库辐照,仍然具有良好的抑芽效果;但冷藏至第二年 3 月再进行辐照,其抑芽效果有不同程度的降低。这样看来,传统的低温储藏和辐照相结合,可以取得不错的效果。但需要注意的是,冷藏时间不要超过 6 个月,否则辐照的抑芽效果会降低。

辐照作为大蒜催眠师的秘密武器是怎么起作用的呢?秘密武器就是高能射线对植物组织的杀伤作用。利用一定剂量的射线照射,使大蒜发芽的生长点细胞在休眠期受到抑制而不发芽,辐照干扰 ATP 的合成,使细胞核酸减少,抑制生物体的发芽。科学研究表明,ATP 是通过许多复杂的酶系统共同作用才合成的,而射线可使酶钝化或激活。如经辐照后,生物体利用糖进行呼吸所必需的己糖激酶可下降 75％～80％,而分解 ATP 的酶强度大约可提高 3 倍。因此,辐照使大蒜芽部的呼吸强度下降,ATP 及核酸含量减少,导致发芽被抑制。

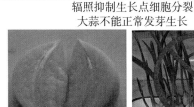

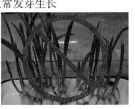

辐照抑制生长点细胞分裂
大蒜不能正常发芽生长

研究人员利用大蒜幼芽对 ^{60}Co γ 射线比蒜瓣肥厚鳞片更敏感的特点,通过对大蒜生长点细胞超微结构的观察,研究经 γ 射线辐照后引起幼芽生理和生长点细胞结构形态的变化,解释了大蒜辐照抑芽的原理。他们发现辐照使蒜鳞瓣芽的细胞分裂受阻,逐渐发育成畸形芽,不能形成正常的茎和根,并萎缩。

辐照催眠后,大蒜除了休眠期延长、代谢活动受抑制、微观结构变化外,所含营养成分是否也受到影响呢? 通常情况下,大蒜在室温下储藏 2 个月后,胚芽开始生长。随着胚芽生长,呼吸速率、蛋白质和维生素含量逐渐增高,可溶性糖和干物质含量下降。

辐照在大蒜的储藏保鲜上有一定的作用,休眠期间对大蒜鳞茎进行 50 戈瑞剂量的 γ 射线照射,可使储藏期延缓到采收后 10 个月。辐射后的大蒜鳞茎的干物质、碳水化合物不受影响;辐照对大蒜鳞茎外皮颜色和大蒜风味品质影响也不大;而且辐照后大蒜素含量高于对照,起到了增进大蒜辛辣风味的作用。

其次,辐照剂量效应可以通过保护酶活性与酯酶(EST)活

辐照技术——食品的安全卫士

性变化表现出来。辐照可以启动大蒜自身的免疫保护机制,应对外部环境的变化。

在大蒜体内,过氧化物酶(POD)、超氧化物歧化酶(SOD)、过氧化氢酶(CAT)以及抗坏血酸过氧化物酶(APX)等组成的抗氧化酶系统,像人体免疫系统一样,承担着清除植物体膜系统伤害的功能。经过辐照处理后的大蒜,其抗氧化酶系统相关酶 POD、SOD、CAT 以及酯酶(EST)活性均随辐射剂量增加而增加,体内的免疫保护机制启动,可防范外界不利因素影响。

大蒜辐照抑芽的商业化应用

1957 年起随着国际原子能机构(IAEA)正式成立,食品辐照技术的全球性研究与应用方兴未艾。目前,全球 500 多种辐照食品已在 53 个国家和地区获得批准,并在 30 多个国家进入大规模商业化生产阶段。

关于辐照抑芽并延长食品货架期方面,1958 年,苏联首次批准将 ^{60}Co - γ 辐照源(剂量为 100 戈瑞)辐照过的马铃薯供人们消费,开启了人类批准辐照食品供人们消费的先河。

众所周知,因为第二次世界大战两颗原子弹的爆炸给民众带来的灾难性恐慌,日本对食品辐照技术的限制极其严格。日本在多年研究的基础上,得出结论:辐照可延长食品储藏时间,维持食品品质,辐照食品是安全的。1972 年,日本批准使用 γ 射线照射马铃薯,以防马铃薯发芽。1974 年,位于北海道的士幌町农业协会正式开始对马铃薯进行辐照,这个辐照装置也是世界上第一个商业化的辐照装置,每年辐照处理 5 000～8 000 吨马铃薯(每年上市的马铃薯有 300 万吨)。

1984 年卫生部颁布 ZB C53 001—84《辐照大蒜卫生标准》以来,我国利用^{60}Co 产生的 γ 射线对大蒜辐照抑芽已经进入商业化生产和应用,并取得了明显经济效益。我国现行的大蒜辐照处理国家标准是 GB/T 18527.2—2001《大蒜辐照抑制发芽工艺》。世界上已有超过 38 个国家和地区的政府批准辐照大蒜上市。

我国大蒜总产量一直居世界第一位,目前总产量占全球总产量的 80％左右。与此同时,大蒜出口量也稳居世界第一,大量出口日本、韩国、印尼、新加坡等东南亚国家以及欧美国家。但是受自然条件的制约,大蒜生产有明显的季节性和地域性,因而与国内外市场要求能够一年四季均衡供应的消费者需求形成了矛盾。

我国是全球最主要的大蒜生产国、消费国和出口国。由于中国人有食蒜习惯,农民种蒜极为普遍,产地遍布全国。这其中,名气最大的要数全国著名的大蒜之乡——山东省济宁市金乡县。

以山东金乡大蒜为例,蒜头一般在气温渐高的春夏之间采收,5 月中旬鲜蒜上市,6 月份干蒜上市,经过一段时间(2~3 个月)休眠期后,很快会发芽变味,失去商品价值。人们通常都是用风干的办法来延长大蒜的储藏时间,但是这种传统的保鲜方法无法从根本上解决从产后到销售过程中大蒜鳞茎发芽、质量与品质劣变较快的问题,无法满足大蒜的周年供应。

利用 γ 射线辐照大蒜达到抑制发芽、长期储存的目的,是目前大蒜储存保鲜方法中效果较好的一种。

自 20 世纪 90 年代以来,山东、河南、江苏、福建、广东等地辐照中心开展了辐照保鲜大蒜的商业化应用,实践证实了:辐照大蒜在技术、质量上是优等的,经辐照以后的大蒜储存期能在半年以上;商业化辐照大蒜经济效益显著,在市场竞争中具有较强的竞争力,已经为广大群众和销售商所接受。

大蒜收获于气温渐高的春夏之间,容易发芽变味。20世纪80—90年代,每年大蒜收获后,大蒜主产区满大街都是运蒜的车,红色或紫色的蒜袋,夹着尘土与白花花的蒜皮。收获的大蒜会按照客商的要求,一车一车地运进辐照中心接受辐照。仅在盛产大蒜的山东省金乡县,发展高峰期时催生了4家辐照加工厂,目前仍有2家大型的专业从事大蒜辐照加工的技术服务企业,它们拥有20年以上的辐照加工运行经验。

大蒜辐照应用前景

大蒜辐照抑芽解决了产后鲜销保鲜期的问题,然而又一制约产业健康发展的问题随之而来。虽然我国大蒜的出口量和国际市场占有率均位居世界第一,但是大蒜出口长期保持以鲜蒜和干燥大蒜等初级产品为主(约占全部大蒜出口量的99%)。产品附加值低、出口量不断攀升的情况下,出现量增额减的矛盾,国际贸易中受国外厂商的牵制。为了提高我国大蒜的市场竞争力,必须大力发展大蒜深加工产业,适应国内国际市场需求。

随着科学技术的日益进步,大蒜在医疗、保健、美容、美发以及饲料添加剂等方面的作用逐渐得到研发和利用。当前,国际上对大蒜的消费主要体现在大蒜油、大蒜素及以其为原料的各种制品的使用上,如保健饮料、保健食品、食品调料、食品防腐剂、医药制品、饲料添加剂、化妆品及天然植物性农药等,而这些高科技含量的大蒜制品远未满足市场需求,发展空间相当巨大。

辐照技术在许多方面都有应用前景,如利用辐照技术提高动物蛋白质酶解效率、去除水中臭味、促进大蒜辛辣风味品质等,因此,未来我们可以考虑从大蒜功能成分提取、辐照除臭、辐照杀菌等研究与应用方面取得突破。我们可以综合利用现代先进加工工艺,为我国加快大蒜产业升级、提升产品竞争力、扩大产品应用领域和市场规模,提供更好的解决方案。

辐照抑制发芽,蔬菜烦恼不再

第 7 章

香辛料辐照
——"调味圣手"的秘密武器

麻辣火锅、孜然羊肉、黑椒牛柳、麻婆豆腐……是不是光听到这些名字,你就口齿生津、垂涎欲滴? 这些食物之所以美味,香辛料的作用那是功不可没的。

香辛料——饮食江湖的"调味圣手"

香辛料堪称饮食江湖的"调味圣手",它是具有赋香、调香、调味、调色等功能的调味品,有的还具有一定的药理及保健作用。香辛料包括植物果实、种子、花、根、茎、叶、皮或整植株,一般是可直接食用的。根据加工方式,香辛料分为天然香辛料和特殊香辛料。天然香辛料种类繁多、应用历史久远、范围广泛。根据我国国家标准,天然香辛料共有 68 种,依据其呈味特征分为三大类,一是浓香型,呈味特征是浓香、无辛辣刺激性气味,以芳香族化合物为呈味成分,如丁香、八角、茴香、百里香、肉豆蔻、桂皮等;二是辛辣型,有热感和辛辣感,有辛辣作用,以含硫或酰胺类化合物为呈味成分,如大蒜、大葱、白胡椒、花椒、姜、辣椒等;

三是淡香型,以平和淡香、香韵温和为主要呈味特征,无辛、辣等刺激性气味,如山柰、月桂叶、甘草、芝麻、香旱芹、迷迭香等。

特殊香料是将多种香辛料按照一定的比例进行混合调制,得到的具有特殊香气的复配香辛料。各组分间相互协同或融合,如十三香、辣椒粉、五香粉、咖喱粉、烤肉腌肉粉等。方便面、方便粉丝、方便米饭、速热米饭、方便米粉(如螺蛳粉)等预包装方便食品中往往会配有单独的调料包,包括了蔬菜包、调味料包、酱包、畜禽肉包、调味油包等。这些调料包就是一种特殊香辛料,包含盐、味精、辣椒粉、花椒粉、胡椒粉、鸡精等。它们赋予食物不同的风味,如麻、辣、酸、鲜、咸等,是"香喷喷"的密钥,可增进食欲,帮助食物的消化和吸收。方便食品以"方便"著称,一般加入开水浸泡 3～5 分钟,即可享用喷香的面条或米饭。当我们时间不充裕又饥肠辘辘时,方便食品不失为一种好的选择。

🤖 香辛料的十八般武艺

调味料不仅可以应用于方便食品,还可以用于肉制品加工、休闲食品等食品生产,以及餐饮、家庭菜肴的烹调和佐餐,甚至宠物粮食加工等行业。香辛料在食品中主要发挥调味、赋香的作用,可以协调、强化或突出食品的香气和风味。某些香味成分还可以与食品中少量不良的臭、膻、腥气味成分发生化学反应,从而改善食品风味。香辛料还可用强烈的香气遮掩食品中的不良异味,起到去除异味功能。常见的花椒、八角、肉豆蔻等香辛料能与醛、酮类腥味成分发生氧化反应,在减轻异味的同时还能增香,主要用于猪、羊、牛等肉类食品。如在猪肉加工中加入大蒜、肉豆蔻等香辛料,在羊肉加工中加入香菜、丁香等香辛料,可以起到很好的去除腥味、膻味等异味的效果。生姜属于热性食物，在去腥的同时还能中和寒性，主要用于鸡、鱼肉类食品，如姜汁鸡、生姜焗鱼。

香辛料在调味的同时，通过配色和染色改善食品的配色，提高食物的美观性，增进食欲。协调的食品色泽给人们带来美好的视觉享受，如辣椒红、姜黄、栀子黄等，从而衍生了天然食品色素行业。姜黄色素被认为是最具有开发价值的食用天然色素之一，被联合国粮农组织（FAO）和世界卫生组织（WHO）认为具有很高的使用安全性。它的染色能力远大于其他天然色素和合成柠檬黄，可用于糕点、糖果、果冻、冰淇淋、碳酸饮料等。

大部分香辛料还具有较好的防腐抑菌功能，使用香辛料可以有效地延缓食品腐烂变质。香辛料挥发油中的酚类、醛类化合物，能破坏细菌、真菌细胞壁结构，使细胞代谢受损；还可改变细菌的遗传物质，阻断细菌繁殖，最终导致有害微生物死亡。研究发现肉豆蔻挥发油中的肉豆蔻醚、细辛脑等物质对金色葡萄球菌、大肠杆菌等细菌具有强抑制作用。

一些香辛料还具有抗氧化作用，对食品油脂类成分的氧化降解具有阻止和延缓作用，能减轻含油食品的哈败、酸败，减缓冷藏期间牛肉褪色，这些香辛料包括迷迭香、肉豆蔻、鼠尾草、百里香、生姜、黑胡椒、丁香等。

香辛料与辐照的传奇

香辛料是人们生活中不可或缺的一部分，目前全世界香辛料市场规模超过 60 亿美元，年消费量约为 5 亿吨。我国饮食文化源远流长、博大精深，香辛料品种数量、产销量和贸易量均居世界前列,是世界上主要的香辛料大国。虽然中国饮食习惯吃热食,但许多香辛料都是不经过热杀菌直接食用,这对香辛料的卫生状况提出了较高要求。大多数香辛料都来源于植物,原料自然携带的微生物较多,有时甚至有虫卵,而且大部分香辛料还采用粉碎或磨碎方式加工成颗粒状或粉状,方便人们分散在食物中直接消费食用,这也为霉菌、虫害滋生提供了有利条件,容易引发很多食品安全问题。

作为植物,香辛料原料在生长、采摘、晾晒、储藏、加工、运输等过程中都会受到微生物的污染。例如,在生长环境中,土壤、浇灌水、肥料、空气中微生物、虫卵等都是各种霉菌、酵母菌病原菌及病毒的载体。多数香辛料在夏季生长或收获,较高的环境温度和湿度非常适合细菌、霉菌等的大量繁殖。香辛料的生产多为分散种植、小规模经营,因此大多数会选择露天晒干的经济干燥方式,这避免不了一些病原菌的污染。用污染的水清洗原料、日晒干燥时原料直接与土壤接触、磨粉加工过程中手直接接触原料等都容易引起微生物数量增加,造成生虫或发霉变质。

植物上的很多霉菌会产生对人类健康有害的真菌毒素。霉变后的香辛料易出现真菌毒素污染,对人类的食用安全造成威胁。研究表明,香辛料最常见的霉菌污染主要为黄曲霉、赭曲霉和黑曲霉,污染的毒素主要为黄曲霉毒素、赭曲霉毒素和葡萄球菌肠毒素等。黄曲霉毒素是由黄曲霉和寄生曲霉菌株产生的杂环化合物,主要代谢产物包括 B1、B2、G1、G2、M1、M2 等,可造成免疫抑制、生殖毒性和神经毒性等危害,其中,以 B1 的毒性最大,致癌性最强。赭曲霉毒素主要是由曲霉属和青霉属真菌产生的一类次生代谢产物,其中赭曲霉毒素 A(OTA)毒性最大,具有肾毒性、致癌性、致畸性以及免疫抑制作用等,是除黄曲霉毒素之外最常见的一种真菌毒素。

因此,加工后的香辛料成品或半成品,其微生物超标问题不容忽视。据全国市售调味品质量抽查资料显示:香辛料中微生物污染普遍存在,对未进行杀菌处理的产品进行抽样检验,有50%～90%产品污染程度超过了国家食品安全标准。研究发现:在细菌含量上,黑胡椒、白胡椒、辣椒、小茴香等调味料的细菌含量较高,在 $1 \times 10^4 \sim 1 \times 10^7$ CFU/克[①]范围内;肉桂、丁香、芥末的含菌量较少,约为 1×10^3 CFU/克。在霉菌含量上,黑胡椒、白胡椒和小茴香的霉菌含量为 $1 \times 10^3 \sim 1 \times 10^4$ CFU/克,而丁香、茴香和辣椒所含霉菌较少,约为 1×10^2 CFU/克。还有研究发现一些香辛料的蜡样芽孢杆菌、气荚膜梭状芽孢杆菌含量较高,这些微生物的芽孢可耐受烹调时的温度,所以烹调加热处理也不能完全消除香辛料的微生物污染风险。由此可见,香辛料中的微生物污染普遍存在,食用不经杀菌处理的香辛料存在较高的风险。

为保证食品安全,我国国家标准对即食香辛料调味粉中的霉菌、大肠菌群、致病菌等菌落总数和生物毒素含量有严格的规定,如菌落总数不大于 500 CFU/克,霉菌不大于 25 CFU/克,大肠菌群小于 3 MPN/克[②],致病菌(沙门氏菌、志贺氏菌、金黄色葡萄球菌)不得检出,黄曲霉毒素(B1、B2、G1、G2 总量)≤10微克/千克。因此香辛料的灭菌处理显得极其重要。

现代食品工业中采取的杀菌方法可分为热杀菌和非热杀菌两类。热杀菌,顾名思义就是通过加热升温杀灭原料中的微生物,主要形式有蒸汽杀菌、电热杀菌、微波杀菌等;非热杀菌也称为冷杀菌,就是不采用加热升温的方式杀灭微生物,主要形式有

[①②] CFU/克与 MPN/克是两种不同菌落计数方法的单位。

辐照杀菌、超高压杀菌、紫外杀菌、活性氧杀菌、脉冲电场杀菌、等离子杀菌等。热杀菌是最常用的杀菌方式,也是常规的杀菌方式。香辛料类产品中含有热敏性成分,热加工会导致香辛料风味损失、色泽变差,影响产品品质,因此热杀菌并不适用于香辛料。但也不是非热杀菌以外的所有方法都适用于香辛料,紫外线、活性氧杀菌往往造成杀菌不彻底,无法达到良好的灭菌效果,对粉状香辛料尤其如此。个别企业采用化学方法灭菌,如环氧乙烷熏蒸法,会有化学残留,存在食品安全隐患,同时产品风味也会发生明显变化。在所有的非热杀菌技术中,辐照技术的优势十分明显,这使它成为香辛料杀菌的秘密武器。

辐照技术是一项安全、卫生、方便、经济、有效的食品加工技术,既能控制昆虫的侵害,又能减少微生物的数量,保证原料的质量。与传统的杀菌方式相比,辐照灭菌具有独特的优越性:

(1) 辐照是一种"冷杀菌"方法,几乎不产生热量,食品的感官品质变化较小,营养成分损失少。

(2) 杀菌效果好。辐照具有广谱杀菌作用;可通过调整辐照剂量达到对不同食品不同微生物的杀菌要求,从而延长食品的货架期;辐照射线能快速、均匀、深入地透过整个物料,有效杀灭食品内部的微生物。

(3) 能源消耗低,经济效益高。据 1976 年国际原子能机构(IAEA)通报估计,冷藏食品每小时能耗为 90 千瓦每吨,巴氏加热消毒每小时能耗为 23 千瓦每吨,高温加热杀菌每小时能耗为 300 千瓦每吨,而辐照每小时能耗为 6.3 千瓦每吨,其中辐照巴氏消毒每小时能耗更是仅为 0.76 千瓦每吨。

(4) 辐照杀菌是一种物理加工方法,它是在产品完成最终包装后进行的,不会再污染,因此处理后的食品无残毒、无污染、安全可靠，这是化学杀菌方法难以比拟的。

辐照技术已被证明是最有效的杀菌技术之一，并且已广泛应用。2001年我国颁布了《香料和调味品辐照杀菌工艺》(GB/T 18526.4—2001)，为香辛料类产品的辐照加工提供了标准依据。食品辐照的目的是控制微生物污染，可以通过降低腐败微生物数量来推迟食品腐败变质的发生，又可特异性杀火有害微生物，从而提高食品的卫生质量。一般香辛料辐照杀菌分为以下几种：

(1) 选择性辐照杀菌，类似巴氏热杀菌，以减少细菌基数为目的；

(2) 针对性辐照杀菌，单一或主要用于某一种微生物，如杀灭食品中的沙门氏菌，这主要用于非孢子形成的病原微生物处理；

(3) 辐照灭菌，杀灭所有的微生物，达到无菌状态。

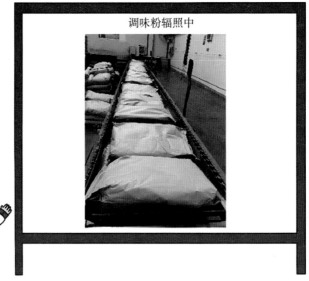

调味粉辐照中

那么辐照杀菌效果如何呢？这与很多影响因素有关，如吸收剂量、食品本身状态、含水率、微生物种类和数量、储藏条件等。首先，辐照灭菌效果与辐照剂量呈正相关关系，在一定剂量范围内，辐照能迅速杀灭香辛料中大肠杆菌、金黄色葡萄球菌、沙门氏菌、酵母菌、霉菌等致病性和腐败性微生物。其次，科研人员还发现，香辛料种类、污染微生物的种类和数量、包装的材质、包装内氧气、氮气的比例也能影响杀菌的效果。香辛料种类的多样性和污染来源的复杂性决定了辐照杀菌剂量必须要依据具体情况针对性实施。科研人员采用^{60}Co-γ射线照射五香粉、胡椒粉、辣椒粉等调味品，发现经不同灭菌剂量处理能有效地杀灭产品中的微生物。经微生物学检验和吸收剂量的测定，得出结论：调味品的辐照灭菌适宜剂量为 6 000～12 000 戈瑞，经 6 000 戈瑞剂量辐照后，调味品中的微生物 90％被杀灭；随着辐照剂量的增加，杀菌效果提高；1.2 万戈瑞剂量完全可达到灭菌要求，保质期在 2 年以上。

食品辐照加工也同其他食品加工技术一样，将会使产品感官品质、营养成分等理化性质发生改变。大量研究表明，在辐照工艺规范推荐使用的辐照剂量下，辐照对香辛料品质的影响不显著，而且不会成为营养学或卫生学上的问题。

色泽是评价香辛料的重要指标之一，对于不同种类的香辛料，不同辐照剂量对其色泽的影响也不同，一般来说水分含量较低的香辛料（如花椒、八角等）的色泽受辐照影响较小，水分含量较高的香辛料受辐照影响较大。植物性色素对辐照处理较为稳定。研究发现，花椒经 1.5 万戈瑞辐照剂量辐照后明度变量（L^*）、红度变量（a^*）、黄度变量（b^*）均有所下降，但下降程度较小（$p>0.05$），说明在低于此辐照剂量下，香辛料的颜色无明显变化，即我们从视觉上看不出辐照前后花椒存在色泽差异。以 2 500～10 000 戈瑞剂量辐照干辣椒，在室温条件储藏 10 个月后，未辐照辣椒的红色素下降 42％，而经 1 万戈瑞辐照处理的仅仅减少 11％。可见干辣椒色素的损失主要发生在储藏过程中，而非辐照处理。

辐照过程中产生的挥发性成分是令人不愉快的辐照味的直接来源，但这种气味极其微弱，尤其在低辐照剂量下，几乎不会产生。大量实验表明，香辛料所具有的特殊气味在辐照前后都十分浓郁，不会发生不良变化，也不会因辐照而减弱。采用 7 000 戈瑞辐照处理红辣椒粉，对其亮度和红度、辛辣度、挥发性物质没有显著影响；采用 2 500～10 000 戈瑞辐照干辣椒，在室温条件储藏 10 个月后，辣椒素和二氢辣椒素作为辣椒辛辣风味的主要成分随剂量的增加而显著增加，1 万戈瑞辐照处理下增加了 10％，辣度增强；经 1.5 万戈瑞辐照处理的八角、桂皮、花椒、大茴香，其色泽、香气成分如烃类、醚类、醇类、醛类等物质组分与含量无显著变化，经过储存试验发现辐照后 12 个月香气成分依然保持稳定。

细菌菌落总数和大肠菌群分别为 5.4×10^5 CFU/克 和 2.1×10^5 MPN/100 克的花椒粉经辐照处理可以使微生物指标达到辐照香辛料的卫生标准，而且储藏过程中，辐照花椒粉的抗氧化性与未辐照样品没有差异。大量研究还发现：辐照处理对茴芹香、肉桂、生姜、甘草、薄荷、肉豆蔻、香草、黑胡椒粉等香辛料中的抗氧化成分没有显著的影响，同时香辛料中的重要有效成分如胡椒碱、辣椒素等没有明显减少。

这些国内外研究成果都表明，辐照技术是一种安全、卫生、高效的灭菌技术，辐照加工后的香辛料产品更安全、更卫生、保质期更长,消费者不必对辐照香辛料产生恐慌心理,可以放心购买和食用。

最后,说一个小提示,大家可以关注一下我们日常生活中的香辛料哪些是辐照杀菌过的。《食品安全国家标准 食品辐照加工卫生规范》(GB 18524—2016)规定:经电离辐射线或电离能量处理过的香辛料,作为调味料产品应在食品名称附近标示"辐照食品";如果作为某种产品的配料,则应在配料表中标明,一般标注为"本产品采用辐照杀菌技术处理"或者直接标注"辐照"。

第 8 章

小龙虾辐照——"杀菌"手术刀

小龙虾肉味鲜美,广受人们欢迎,当仁不让地成为全国夏日消遣第一美食。同其他营养丰富的美食一样,小龙虾让人们在享受美味的同时也面临卫生方面的风险。辐照技术是否也能助力小龙虾的食用安全呢?

国民"夜宵之王"——小龙虾

作为一种淡水经济虾类,小龙虾与我们平时听到的海水螯虾——波士顿龙虾、真正的龙虾——澳洲龙虾都没有任何关系。它的学名很拗口,叫克氏原螯虾(procambarus clarkii),最大的特征就是两个大钳子,所以叫螯虾。小龙虾成体长为5.6～11.9厘米,是淡水虾中个体体型较大的虾类。小龙虾为杂食性动物,摄食范围包括水草、藻类、水生昆虫、动物尸体等,食物匮乏时亦自相残杀;生长速度快、适应能力强,是生态环境中有竞争优势的虾类。

小龙虾虽然味道鲜美,但名声并不好。因为需要挖洞筑巢,小龙虾会破坏和削弱堤岸,还常剪断农作物,特别是稻作物,因此野生种群的小龙虾很不受欢迎。小龙虾是全球范围知名的外来入侵种,适应性强,抗逆能力强,食性广泛,种群增殖速度快,容易与当地物种发生竞争。凡是有小龙虾的水域,其中的生物多样性都会显著降低,农业和渔业也会受到影响。2022 年 5 月 11 日,日本国会就表决通过修订后的外来生物法禁止出售或放生小龙虾。

市场销售的小龙虾大多是人工养殖的。小龙虾对生长环境不挑剔,可长久栖息于永久性溪流和沼泽,也可以临时栖息在沟渠和池塘。小龙虾对于水质的要求并不高,在一般的水体中可以活得很好;在一定咸度、低氧气、极端温度和污染的水体中也能活下去。每年至少繁殖 3～4 次,一次产卵 500～2 000 粒,3～5 个月质量就达 1 两,正是小龙虾强大的生存能力和繁殖速度,为喜爱小龙虾的美食家们提供了源源不断的夏季夜宵良品。

胃口好,身体棒,生长速度也很快,再加上强大的繁殖力,华夏大地,几乎每个城市都有小龙虾的身影。据统计,2021 年我国小龙虾养殖总产量高达 263.36 万吨,总产值为 4 221.95 亿元,仅湖北省各类小龙虾餐饮实体店就接近 2 万家,产值达 540 亿元,可见,小龙虾是中国餐饮销量最大的单品,名副其实的国民"夜宵之王"。小龙虾并不是我国的传统美食,它原产于美国南部和墨西哥北部。1918 年日本从美国引进小龙虾,最初是作为饲养牛蛙的饵料。1929 年小龙虾由日本传入我国长三角地区。直到 20 世纪 80 年代被端上餐桌之前,小龙虾对农民来说一直是公害,它会把藕、荷叶和稻谷夹断,起初很多地方会直接把它压碎当作喂猪饲料。

武汉是最早开始制作小龙虾食谱的城市,先是出现清蒸、蒜蓉、油焖的老三样口味,随后干煸、椒盐、麻辣、酱香、十三香等烹饪方法相继在全国出现,满足了不同地方人们的口味需求。20

世纪 90 年代,中国兴起夜市文化,由于小龙虾的制作工艺简单、上手容易、开店成本低,各个餐厅争相叫卖,小龙虾一跃成为夜市明星。如今小龙虾已经成为我国重要的经济水产品,从上游养殖到下游消费形成了千亿级的产业链条,在湖北潜江和江苏盱眙市更是成为当地的支柱产业。江苏盱眙全县约四分之一人口从事小龙虾及其关联行业,2009 年,"盱眙龙虾"成了全国第一个小龙虾的"中国驰名商标",根据第三方评定,2021 年盱眙龙虾品牌价值为 215.5 亿元。湖北潜江靠小龙虾成了全国百强县,形成了完整丰富的小龙虾产业链条,区域品牌价值达 251.8 亿元。2020 年 7 月,江汉艺术职业学院成立潜江龙虾学院,这个在产业发展基础上应运而生的学院有效缓解了龙虾产业专业技能人才短缺的问题。

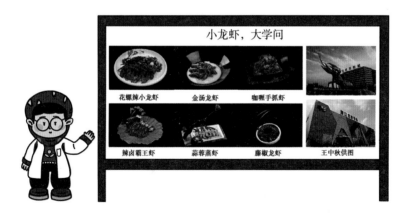

小龙虾,大学问

| 花螺辣小龙虾 | 金汤龙虾 | 咖喱手抓虾 |
| 辣卤霸王虾 | 蒜蓉蒸虾 | 藤椒龙虾 |
| 王中秋供图 |

小龙虾的美味与风险

爱也小龙虾,恨也小龙虾。

小龙虾是一种蛋白质含量高,脂肪、胆固醇及热量含量低的营养健康美味食品。其蛋白质含量比大多数的淡水及海水鱼虾都要高,占总体重的16%～20%;氨基酸组成比较均衡,优于人们平常所吃到的普通肉类,含有人体所需的8种必需氨基酸,包括异亮氨酸、苯丙氨酸、色氨酸、赖氨酸、缬氨酸、苏氨酸、精氨酸(脊椎动物体内含量很少)及组氨酸(幼儿必需氨基酸);虾仁中脂肪含量约为1%,比畜禽肉、青虾、对虾等低得多,且其脂肪大多为不饱和脂肪酸,易被人体消化和吸收,还能防止胆固醇蓄积在体内;富含维生素A、维生素D等脂溶性维生素,其含量大大超过陆生动物。小龙虾还含有多种人体所必需的矿物质元素。其钙、钾、钠和磷的含量较多,比一般畜禽肉、虾高;富含镁、锌、碘、硒等多种重要微量元素,其中镁对心脏活动具有重要的调节作用,能保护心血管系统,可减少血液中胆固醇含量,防止动脉硬化,同时还能扩张冠状动脉,有利于预防高血压及心肌梗死。小龙虾含有虾青素,虾青素是一种很强的抗氧化剂,对清除自由基有良好的作用。日本大阪大学的科学家就发现,虾青素有助消除因时差反应而产生的"时差症"。另外,小龙虾还可入药,能化痰止咳,促进手术后的伤口生肌愈合。

　　事实上,小龙虾早就风靡全球,18世纪,小龙虾就成为欧洲和美洲人民餐桌上的一种重要食材。如今,小龙虾依然是欧美等地区备受喜欢的食物,美国已经连续30年举办大型的小龙虾美食节。中国吃小龙虾的历史虽然不长,但发展极快,有麻辣虾、香辣虾、十三香虾、蒜蓉虾、水煮虾、香草虾等多种口味,肉鲜味美的河鲜小龙虾除了烹饪鲜食外,多数经加工后作为预制食品销售。根据是否可直接食用,分为非即食小龙虾和即食小龙虾两大类产品。非即食小龙虾产品主要包括冻生龙虾仁、冻生龙虾尾、冻生整肢龙虾、冻煮小龙虾仁、冻熟整肢龙虾、微波龙虾等；即食小龙虾产品主要包括小龙虾肉酱、微波即食小龙虾、油炸即食小龙虾、即食龙虾仁、即食麻辣小龙虾、即食小龙虾香酥虾球、龙虾尾软罐头等。

吃小龙虾已经成为迎接夏日必不可少的仪式。盱眙与潜江因"盱眙国际龙虾节""潜江龙虾节"闻名遐迩，"没在篁街吃到小龙虾就等于白来"，各地都营造出了嗨翻整个夏天的气势。有人开玩笑说，吃小龙虾还有个潜在的效果，让大家专注于吃的同时，有助促进人与人之间的交流。因为双手都是油乎乎的，不能玩手机，只能好好聊天了。

小龙虾虽然味美，但科学家更关注它的食用风险。中国和欧美学者对各自产区小龙虾的重金属污染情况进行了调查，结果表明不同养殖环境来源的小龙虾中富集重金属量存在较大差异。研究表明，小龙虾对重金属的富集主要集中在肝胰腺和虾头，而肌肉中较少。

小龙虾重金属污染问题可以通过养殖环境改善而得到缓解，但小龙虾存在的另一个突出问题是其卫生安全。由于小龙虾的生长环境复杂，其体表和体内一般携带较多的微生物，甚至是致病性微生物，因此其微生物污染问题受到广泛关注。针对中国浙北地区的一项监测表明，副溶血性弧菌与铜绿假单胞菌是小龙虾体内主要的污染菌，其检出率分别为 24.5％和22.1％。虽然原料清洗可有效降低小龙虾的细菌载量，但温和气单胞菌、阴沟肠杆菌、黄杆菌和腐败希瓦氏菌仍然是清洗净化后小龙虾体内残留的优势菌群。鲜销的小龙虾虽然鲜活，但有很多细菌滋生，近年来消费者食用小龙虾后引起的腹泻、急性胃肠炎等食物中毒事件时有发生，副溶血性弧菌等致病菌是食物中毒的主要原因。据国家食源性致病菌监测网统计,我国近年来副溶血性弧菌中毒情况呈显著上升趋势。有研究者通过对海水产品的检测发现,虾类和贝类样品的副溶血性弧菌检出率显著高于鱼类样品。

另外,小龙虾虾肉中存在过敏蛋白,容易引发人体产生过敏反应;肺吸虫以囊蚴的形态寄生于小龙虾等中间宿主,为小龙虾带来了寄生虫风险;不规范加工中使用洗虾粉可能导致食用者出现横纹肌溶解症;不规范养殖还会引发小龙虾体内氯霉素超标等。这些问题让消费者对小龙虾又爱又恨。那么,如何保障小龙虾的食用安全呢?

辐照出手,高效杀菌

为除掉小龙虾体内外的微生物,研究人员做了很多技术尝试,常规清洗、化学消毒等都不能将微生物全部杀灭,尤其是虾壳内微生物难以通过清洗方法去除,采用防腐剂来控制虾肉中微生物会导致化学残留。辐照是消灭小龙虾产品中微生物的有效方法,辐照技术还可以促进生物大分子的降解、交联和分子构象的改变,降低过敏蛋白的热稳定性,破坏其抗原决定簇,对降低小龙虾虾肉致敏性有良好效果。国内外学者采用辐照处理虾肉肌原纤维蛋白溶液,研究致敏蛋白降解情况,发现辐照后虾肉过敏蛋白结构发生变化,蛋白质相对分子质量、浊度和疏水性等性质改变,使过敏蛋白致敏性降低。还有研究发现,伴随辐照灭菌过程,小龙虾中氯霉素等污染物得到降解。

辐照杀菌是彻底消灭小龙虾体内外微生物的有效方法,经过辐照源规范化杀菌处理,小龙虾冷冻品的品质较高、货架期稳定,深受餐饮业欢迎,这也是我国小龙虾辐照冷冻产品受到国际市场认可的原因。

辐照处理小龙虾有如下安全须知:

一是小龙虾辐照要遵循国家标准和法规。中国农业部行业标准《冷冻水产品辐照杀菌工艺》(NY/T 1256—2006)规定了冷冻水产品辐照杀菌工艺的要求,包括试验方法、标识、储存和运输以及重复照射,适用对象为冷冻鱼类、冷冻虾类等冷冻水产品。这从国家层面规范了小龙虾食品辐照的安全应用。

二是辐照小龙虾不是辐射小龙虾。辐照食品与放射性食品是有本质区别的。让消费者担心的"辐射食品"是被放射性物质污染的食品,"辐照食品"是用高能射线加工的食品,没有放射性物质残留,是安全的食品。简单来说,辐照加工小龙虾就好比太阳下晒被子,利用的是紫外线,杀死了螨虫、细菌,但被子上并不会残留阳光一样,是没有任何残留的。

小龙虾食品辐照中

小龙虾辐照的现状及发展

　　除了预制小龙虾,目前小龙虾产品辐照的另一个产品形式是冷冻龙虾仁(虾仁),冷冻龙虾仁是淡水龙虾经蒸煮、剥皮、包装和低温冷冻而制得的。冷冻虾仁在我国水产品出口中占有较大的比例,产品远销欧美市场,深受消费者欢迎。因为成品虾仁可直接食用,进口国对其卫生、品质质量控制十分严格。虾仁在煮熟后剥制的过程增加了感染金黄葡萄球菌、沙门氏杆菌、大肠杆菌的风险,从而使部分产品的卫生指标达不到出口的标准,常因超标而被退货。由于高温加工很难将微生物控制到符合欧美标准,辐照处理是解决冷冻虾仁质量问题的有效方法。已有试验表明,3 000～5 000 戈瑞的辐照剂量可以杀灭冷冻虾仁中99％以上的微生物。除了中国,越南的冷冻虾仁也通过辐照技术来控制该产品中的微生物,并且其出口数量呈现逐年递增的趋势。有统计数据表明,越南 2008—2015 年的冷冻虾仁辐照处理量增加了将近一倍,这也说明了世界对小龙虾产品的需求是逐年增加的。

辐照技术——食品的安全卫士

第 9 章

泡椒凤爪辐照——王者的护卫

随着居民可支配收入的增长及消费观念的转变,方便快捷、口味多样的休闲食品受到青睐,休闲食品行业呈现出上升发展的态势。休闲食品是快速消费品的一类,是人们在闲暇、休息时所吃的食品,最贴切的解释是吃着玩的食品。主要分类有:干果、膨化食品、糖果、肉制食品等。走进超市,就会看到薯片、薯条、果脯、话梅、花生、松子、杏仁、开心果、鱼片、肉干、牛肉粒、泡椒类制品等休闲食品。休闲食品正在逐渐升格成为百姓日常的必需消费品,随着经济的发展和消费水平的提高,消费者对休闲食品数量和品质的需求不断增长,其中发展最快和市场占比最大的就是休闲肉制品,而泡椒凤爪及不断推出的新产品最具代表性。

休闲肉制品——营养美味的居家旅行良品

休闲肉制品是以畜禽肉为主要原料,经调味制作而成的熟肉制品或半成品。作为中高端休闲食品,休闲肉制品具有丰富的营养和独特的风味口感,携带方便,是居家和旅行的重要休闲美食,得到了消费者的广泛青睐。

休闲肉制品以满足消费者休闲享受为目的,具有健康营养、取悦消费者的特点,呈现出风味型、营养型、享受型、特产型四种消费特征。从产品卖点来讲,休闲肉制品具有健康营养、口味独特、方便即食、外观新颖等特点;从产品功能来讲,休闲肉制品具有方便性、享乐性、零食性、特殊生理功能性、健康营养性等特点。

休闲肉制品的种类较多,从原料上讲,可以分为牛肉类、猪肉类、兔肉、禽类、水产类和蛋类等;按加工工艺则可分为干制类、酱卤类、肉灌类、泡制类和调理类等。目前,我国传统休闲肉制品主要产品形态有肉干肉松系列、休闲软包装(牛肉、海鲜鱼类、猪肉类、禽类、兔肉、蛋类等)系列。随着消费需求的多样化和新产品的研发,其他可食用部位和边角料也被开发为新型休闲肉制品,如兔头、凤爪、鸭掌、鸭肠、鸭脖、鸡翅、鸭翅、猪蹄、鱼皮等,人们使用不同加工工艺将其调理成不同口味的产品,从而满足不同消费者群体的需求。

泡椒凤爪——休闲肉制品中的王者

在休闲肉制品中,凤爪系列产品是市场体量最大、受众群体最多、最受消费者欢迎的品类。凤爪又称为鸡爪、鸡脚、鸡掌、爪钱、凤足等,是鸡的脚爪,在中国的悠久饮食文化中,被美称为凤爪,寓意珍贵而美味的凤凰的脚爪。凤爪是一道经典的传统小吃,在川菜、粤菜中均有制作,多皮和筋,胶质丰富。在南方,凤爪可是一道上档次的名菜,其烹饪方法也较复杂。凤爪富含谷氨酸、胶原蛋白和钙质,多吃不但能软化血管,还具有美容功效。

凤爪食品的加工方法很多,泡椒凤爪是人们最熟悉的一种。泡椒凤爪是起源于重庆的民间独特美食,属川菜小吃类,以酸辣爽口、皮韧肉香而著称,还有开胃生津、促进血液循环的功效。泡椒凤爪既能登大雅之堂,也是普通老百姓日常餐桌的最爱,很多人都喜欢将凤爪拿来做下酒菜。泡椒凤爪选用红泡椒、野山椒(即小米椒),用精选肉鸡爪泡制而成,以山椒凤爪风味最佳。重庆本土企业泡椒凤爪形成了产业化,握有发明专利,流传至大江南北,深受全国人民欢迎。随着炮制技术的不断完善以及包装技术改良,泡椒凤爪的消费场景突破酒桌,走向日常生活。泡椒凤爪从餐桌热菜到休闲零食的转变加快了行业的产业化进程,同时,消费场景的拓宽也助力产品的地域扩张,从发源地快速向全国市场蔓延,发展态势良好。中国泡椒凤爪行业自20世纪90年代末期实现工业化生产以来,已经具有相当的市场规模,在整个泡卤休闲食品类别中占据重要地位。

泡椒凤爪发于川渝,兴于川渝,据统计,全国共有600多家泡制食品企业,43%分布在川渝地区,2019年重庆泡椒凤爪产量更是占到全国产量50%以上。全国各地均有包装化的泡椒凤爪小吃,品牌不一,消费者宜选择有国家卫生许可标志的品牌食用,以免食用了有害化学物质漂白过的有害凤爪。随着泡椒凤爪的市场迅速增长和工业化生产规模化、标准化,凤爪产品也让一些食品企业品牌得以为大众所知。

泡椒凤爪与辐照技术不可不说的故事

泡椒凤爪以冰冻的鸡爪为原材料,经解冻、切制、煮制、加配料泡制、调味等环节完成整个生产过程。原材料微生物初始含量高,配料种类多样,尤其是各种香辛料和泡椒中微生物含量极高,再加上生产环节复杂,因此,通常预包装的泡椒凤爪产品货架期非常短,一般只有3～7天。

　　真空包装、高温杀菌、添加食品防腐剂,这是延长凤爪产品保质期的三大传统措施。但经过发酵的泡椒产品,直接真空包装会因为产品发酵而产生气体,导致包装胀袋;采用高温杀菌会使凤爪变得软烂,口感变差;而添加食品防腐剂,容易因过量或超范围使用而不符合国家标准。上述方法大大降低了产品品质和销售价值,远不能解决实际生产问题。尤其在每年4—9月份气温较高时,因产品的微生物初始含量高,在室温储藏条件下微生物快速繁殖,极易引起产品胀袋,从而发生变质,企业往往经济损失惨重。后来企业与科研院所开展合作,寻求更好的解决手段,就泡椒凤爪在其储存过程中出现的瓶颈问题和共性问题开展技术攻关,最终利用辐照技术的优越性建立了泡椒凤爪的辐照保藏技术体系,并不断在泡椒凤爪企业中推广应用。现在,几乎所有产业化生产的凤爪产品均采用辐照技术进行杀菌,形成了规模宏大的辐照产业链和规范化的凤爪加工生产流程。

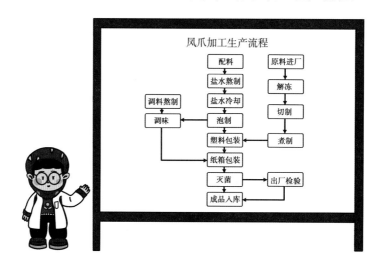

目前市面上出售的密封包装的泡椒凤爪保质期一般为 200 天,之所以能保存这么久,多亏了利用核技术进行辐照灭菌,否则产品刚出厂就因胀袋、变质而坏掉了。

细菌和微生物最核心的组成是 DNA,而射线照射可以破坏 DNA 阻止其复制和繁殖,从而实现灭活。辐照食品不同于核素污染食品,辐照杀菌的原理类似晒太阳,利用射线产生的能量本身而非核素,产品无须拆封并且不与辐射源直接接触,因此在杀灭细菌的同时并不会产生残留,是一种高效且安全的杀菌技术。

辐照企业根据食品企业客户需求,开展相关产品的预试验,优化加工参数,确定产品的辐照工艺,然后食品生产企业按照其常规工艺组织生产,产品预包装后运输至辐照企业,依据确定好的辐照工艺进行加工生产,并进行辐照加工参数确认,确保辐照参数达到灭菌需求,进而保证产品质量。真空包装的泡椒凤爪经辐照后可使其保质期从原来的 3～5 天延长至几个月。辐照加工凭借着独特的优势,成了泡椒凤爪走向世界的大功臣。

泡椒凤爪辐照——快速发展的加工产业

泡椒休闲食品生产企业主要分布于四川、重庆、上海、江苏、湖南等地,其中,泡椒凤爪又以四川和重庆地区最为集中。据 2021 年不完全统计数据,全国泡椒凤爪行业年产值超过 100 亿,规模最大的有友食品股份有限公司年产值约 10 亿元。现阶段,全国市场需求量在 10 万吨以上,其中四川地区辐照食品市场需求约 3 万吨/年,重庆地区在 5 万吨/年以上。

随着企业生产规模扩大,出于成本考虑,一些食品企业也纷纷开始自建辐照装置,除满足自身生产需求、降低运输和仓储成本,也可占领本地的辐照加工市场。最初的辐照加工装置以钴-60为主,占比90%左右。近几年随着产品结构多样化和辐照硬件设施升级换代,电子加速器异军突起,以其加工效率高、射线利用率高、无放射源泄漏隐患和废源处理问题等优势而迅猛发展。

泡椒凤爪辐照加工现场
(左为钴源,右为电子加速器)

　　关于辐照食品的安全性,前面已有详细介绍。而对于泡椒凤爪辐照杀菌,值得一提的是,辐照能杀灭泡椒凤爪产品中的细菌,最大限度降低其初始含菌量,同时鸡爪的口感、肉的质地、脂肪和蛋白质含量等理化性质均没有显著变化;不仅如此,辐照后的凤爪产品特有的泡椒风味会得到一定程度提升,使消费者感觉"更香更好吃",这是其他杀菌方法无法呈现的,也是辐照技术应用于泡椒类产品的一大亮点和优势。

　　辐照杀菌在泡椒凤爪产品中的应用开启了辐照技术在休闲食品中的发展,从泡椒凤爪行业逐步推广到其他休闲食品产业,尤其是同样不能使用高温灭菌、防腐剂解决其货架期问题的产品,其适用范围和产生的经济效益均在飞速增长。社会公众对辐照杀菌技术的接受程度越来越高,最突出的就是泡椒凤爪和香辛料调料包这两类产品。

因疫情原因,2020年起,消费者的网上购物意愿和购买频率上升明显,促进了休闲食品电商销售的突飞猛进。消费者需求更加多元化,对产品的口味和种类有更多要求,供需关系发生明显变化,这使得各大食品企业不断开发新产品,越来越多的"网红食品"出现。相比传统工艺的休闲食品,网红食品显著特点是保质期更短、口味丰富、流转快,并依附强大的物流系统提供高效的保障工作,所以其生产工艺与传统休闲食品也有很大区别,比如食品添加剂可以使用得更少。基于这些条件,此类电商食品对辐照杀菌技术的依赖变得更强。如目前最受欢迎的休闲凤爪"网红食品",口味多样化,有泡椒、盐焗、火锅、酸辣、柠檬、藤椒、麻辣等,其货架期较短,基本为7~14天,要求冷藏或冷冻储存,辐照技术在此类产品中的应用优势尤为突出,其保质期可延长至45~120天,这也为辐照技术的扩大应用创造了极好条件。

辐照加工的凤爪食品

与其他辐照食品一样,辐照凤爪产品也是有辐照标识的,但目前辐照食品标注的方式并不统一。根据国际相关组织和国家标准的相关规定,辐照后的产品应该标注辐照相关信息,世界各国基本达成一致意见:经过辐照的食品必须标明"辐照食品",经电离辐射或电离能量处理过的任何配料,必须在配料表中加以说明。欧盟对辐照食品的标签规定,即便是食品中含有少于25%的辐照成分,标签中都必须注明辐照食品。泡椒凤爪严格遵守这一规定,相关产品外包装袋上均有"辐照食品"标注,表明本产品经过辐照杀菌,将此信息告知消费者,保障消费者知情权。

第10章

预制菜肴辐照
——解放双手的"神器"

提到一日三餐,吃得好、吃得轻松是我们所有人的一致需求,预制菜肴的出现完美地迎合了这个需求。首先,预制菜肴食用方便,省去了各家各户自我烹制的烦琐工作程序。其次,预制菜肴利用工厂化加工,把宴席菜、酒饭店特色菜等美食通过中央厨房集中生产,把美食带入一日三餐。有了预制菜肴,"好吃懒做",人人是大厨,餐餐皆美食。

🍴 传统美食觅佳偶

根据国际食品法典委员会(CAC)的定义,即食食品是指可生食的食品或饮料,或经加工、烹调等方式制备的但食用前无须再进一步加工的食品,具有附加值高、食用方便、营养均衡、安全卫生、便于携带等特点。

预制菜肴是即食食品的一种,因方便快捷、风味独特而深受人们的青睐。据专家测算,我国城市居民每天消费的菜肴总量超过50万吨,预制菜肴需求量按10%计算,年总需求量约1800

万吨,预计预制菜肴加工业的年产值规模将超过1万亿元。

预制菜火了后,多地出台扶持政策,系统化推进预制菜产业的发展。广东、山东、福建、江苏、河南、河北、辽宁、安徽、浙江、四川、湖南等省纷纷布局预制菜市场。在菜品上,预制菜涉及闽粤菜、淮扬菜、川湘菜、西北菜等天南海北的菜系。我们就以淮扬菜为例,看辐照如何帮助传统美食进一步走入千家万户。

淮扬菜是世界知名的中国四大菜系之一,是长江中下游、淮河流域菜肴的代表风味。淮扬菜产业化特别是在预制菜肴方向的发展,可让淮扬菜走进家庭、走向全国。为保持预制菜肴原有的色、香、味、形,食品加工企业尝试通过添加各类食品防腐剂、低温冷藏、热杀菌等灭菌方法达到目的。预制菜肴经过上述加工技术处理面临一些新的问题,如预制菜肴采用热杀菌方法,高温加热后包装袋易出现表面皱缩、外观差,影响商品价值,高温对食品风味和营养也有不良影响;冷藏处理会放大预制菜肴中病原微生物带来的食用健康风险;消费者都追求健康饮食方式,非常抗拒防腐剂的使用。

食品辐照保质技术是一种在常温下对食品进行物理杀菌的加工方法,高效、节能、安全、绿色。食品辐照保质技术与预制菜肴相结合,更加体现了当今食品"卫生、安全、营养和健康"的发展主题。下面让我们看一下那些借助辐照杀菌走进千家万户的淮扬菜吧。

辐照铸就"水晶宫"——水晶肴肉

水晶肴肉是淮扬菜中具有重要饮食特色的酱卤类熟肉制品。说到水晶肴肉,就必须提到富春茶社。坐落于古城扬州得

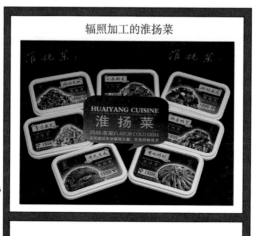

辐照加工的淮扬菜

胜桥的富春茶社是一座闻名中外的百年老店,始创于 1885 年。百余年来,经过几代人的不懈努力和精心经营,逐步形成了花、茶、点、菜结合;色、香、味、形俱佳;闲、静、雅、适取胜的特色,被公认为淮扬菜点的正宗代表。

水晶肴肉正是富春茶社的招牌菜肴,它有着三百余年悠久的历史,是国宴常用即食冷菜,以皮白肉红、卤冻透明且入口即化、风味独特而闻名遐迩,享誉中外。肴肉可分眼镜、玉带钩、添灯棒、三角棱等部分,各有各的滋味,瘦肉鲜红,肥肉滋润醇香,皮淡红晶莹而有韧性,油润不腻,滋味鲜香。由于加工过程中猪皮的胶原蛋白会在高温下溶解、低温下凝固形成晶莹剔透的凝胶,其状如水晶,故名"水晶肴肉"。清代起水晶肴肉就为扬州茶馆酒楼必备佳味,清代黄鼎铭《望江南》就有关于水晶肴肉的介绍,"扬州好,茶社客堪邀。加料干丝堆细缕,熟铜烟袋卧长苗。烧酒水晶肴。"

为了研制水晶肴肉的预制菜肴,研究人员尝试了多种方法。因为肉冻营养丰富,极易滋生微生物,预制菜肴必须完全灭菌。最初餐饮企业利用高温杀菌和−18℃冻藏生产水晶肴肉预制菜肴。高温杀菌虽然能确保食品安全,但肴肉晶莹剔透的凝胶组织形态在热杀菌(超过 25℃)时会被完全破坏,成了一袋"肉糜",这种状态下的肴肉已经丝毫看不出"水晶"模样,任何消费者看了都没有丝毫食欲。为了保持"水晶"固态特征,餐饮企业又采用−18℃低温冷冻法对水晶肴肉进行保藏,将水晶肴肉变成了"大冰块"。这种方法牺牲了水晶肴肉特有的口感、风味、色泽等高端感官品质。另外,−18℃低温冷冻法虽然保持了水晶肴肉的特色形态,但由于水晶肴肉富含蛋白质、脂肪等营养成分,是微生物生长的天然温床,即使在低温储藏状态下,常见的食品致病菌(如大肠菌群、肠杆菌科、金黄色葡萄球菌等)和腐败微生物(如希瓦氏菌属、嗜冷菌属等)也可以随着保藏时间的延长而不断繁殖,因此加工或保藏过程中极易出现微生物污染导致的微生物数量超标问题。由于水晶肴肉开封即食,尤其存在食品安全风险。

那存不存在更好的第三种方法呢? 辐照杀菌技术给出了肯定的答案。常温灭菌——食品辐照技术同时满足了水晶肴肉预制菜肴加工中需要同时避免高温和低温的技术需求,避免了预制加工对水晶肴肉原有的色、香、味、形造成破坏,把越来越多的淮扬名菜"水晶肴肉"送到了平常百姓的餐桌上,国宴菜也上了家常菜的菜单。

为什么辐照技术适用于水晶肴肉预制加工呢? 食品辐照技术是非热加工的物理保鲜技术,尤其适用于那些不适合用加热、熏蒸、蒸煮等传统方法消毒灭菌的食品。整个加工过程充分保证了水晶肴肉的原汁原味原形,快速简单便捷。

餐饮企业在流水线生产好水晶肴肉后,用冷藏车(4℃)运输至辐照加工企业,质量技术部门会对水晶肴肉进行取样,检测微生物含量,根据生产企业对水晶肴肉终产品的微生物数量要求,制定合适的辐照灭菌剂量。然后水晶肴肉产品包装箱被放入辐照传送装置内,接着被传送至含有电离辐射射线的辐照库房内,并待上一段时间。在此期间,射线毫无阻拦地穿过了产品包装箱、产品内包装袋、亮晶晶的卤冻、红扑扑的瘦肉……

辐照技术对水晶肴肉很友好,但对产品中附着的微生物就没有那么友好了。可以说,水晶肴肉中附着的一切微生物都在接受着地狱般的待遇。为什么这么描述?因为地球上所有生物(包括微生物)赖以生存、繁衍的根本——基因结构,持续地被无处不在的射线给射中并且击断了,它再也不能通过自我修复而生存并繁殖了!

在辐照库房杀灭致病菌及腐败菌后,水晶肴肉"完好无损"地回到了餐饮企业,它依旧保持着诱人的水晶形态,色、香、味、形俱全。产品保质期由3~5天延长至90天以上。整个过程就像给水晶肴肉从内到外洗了一次干净的澡,人们可以放心食用了。

目前扬州、镇江、南京等地区餐饮企业制作的水晶肴肉正越来越多地采用辐照杀菌技术,低温冷冻保存方法逐渐被取代了。

"蟹狮"见照变"家猫"——蟹粉狮子头

提起淮扬菜,恐怕人们首先想到的便是"狮子头"。狮子头是一道传统淮扬菜系名菜,肥嫩异常,入口即化,食后清香满口,齿颊留香,具有补虚养身、气血双补、健脾开胃之功效。

"狮子头"是"菜根香"饭店的招牌菜。

"菜根香"这个幽雅的店名,源于扬州古老文化。相传,店主人为了给小吃店起个雅名,邀请了几位扬州名流赴宴,并借此机会题写店名。宴席间,有人提到曾在扬州为官的清代诗人渔洋山人所作的《黄芽菜》诗有句云:"五载归来饱乡味,不曾辜负菜根香",遂取诗中"菜根香"三字,作为饭店之名,一个富有浓郁地方气息的饭店诞生了。作为一座已有80余年历史的"老字号"饭店,名店出名厨,菜根香饭店是淮扬名厨成长的摇篮,也是淮扬厨师荟萃之所。

"狮子头"菜名的由来还有一段曲折的历史。据传,此菜始于隋朝,隋炀帝杨广来到扬州葵花岗名景,唤来御厨以葵花岗为题,做出菜肴纪念这次扬州之游。御厨们在扬州名厨的指导下做出了这道传世大菜,称为"葵花斩肉"。传至唐代,郇国公韦陟宴客,府中名厨韦巨源也做了扬州这道名菜,因那大肉圆子做成的葵花斩肉有如雄狮之头,韦陟为纪念盛会,将"葵花斩肉"改为"狮子头",从此,扬州狮子头一名便流传至今。

经过几百年的传承,狮子头也发展出多种烹调方法,根据个人喜好可制作成红烧狮子头、清蒸狮子头等特色菜品,也可随季节变化制作成春笋狮子头、风鸡狮子头、蟹粉狮子头等传统美食,其中尤以"清炖蟹粉狮子头"的风味最为典型,主要原料有蟹肉和猪肉。

蟹是我国水产市场上常见的甲壳类水产食品,也是引起食源性过敏反应的八大类主要食品之一。因此,蟹粉狮子头虽然好吃,但对潜在过敏人群来说就是美丽的伤害,可能带来严重的过敏反应。

辐照技术——食品的安全卫士

食品过敏带来的伤害有时可能是致命的。过敏是人体免疫系统对特定实物产生的免疫反应。如果食物中有过敏原的某些物质(通常是蛋白质)进入人体,被免疫系统当成入侵病毒,人体免疫系统会应激释放出一种特异性免疫球蛋白抗体,并与过敏食物结合生成许多化学物质,造成皮肤红肿、腹泻、消化不良、头痛、咽喉疼痛、哮喘等过敏性症状,严重时病人的血压会下降,甚至发生急性休克。全球有近2％的成年人和4％～6％的儿童有食物过敏史,可以说是一个非常庞大的群体。如何让他们也能享受"蟹粉狮子头"这样的美味呢?有效的食物过敏防控方法是:不食用过敏食物、食用去除或不含过敏原的食物、食用经改性或处理过的无过敏食物。要享受"蟹粉狮子头"的美味,只能通过食物脱敏,也就是对食物中能刺激机体发生过敏反应的过敏原进行改性,使它们不再具有致敏活性。

食物过敏并不是由致敏物质直接导致的,而是由抗原抗体结合后产生的结合物导致的。食物脱敏的原理就是根据蛋白质变性的特征,利用外源处理改变蛋白质空间结构,使过敏反应中抗原抗体的结合不能发生,也就不会产生过敏反应了。就如钥匙的锯齿形状发生变化后,再也无法打开原来的锁芯一样。食物中的过敏原大多为蛋白质,由氨基酸组成,形成了复杂的空间结构,部分特殊空间结构是过敏原免疫反应的物质基础。

食品加工可对食物过敏原的致敏性产生影响,目前食品加工企业消减食品中过敏原致敏性的方法主要有热处理、脱皮、辐照方法等。

热处理是日常生活中最为常见的脱敏方法,普通人在家里就可以实际操作,比如将牛乳、鸡蛋或芹菜加热至沸腾并维持10分钟以上时间,这些食物中的过敏原的致敏性就能够明显降低,甚至完全消减。但多数过敏原能够耐受食品的热加工,并可抵抗肠道消化酶的分解作用,因此热处理方法并不是时常有效。作为生活常识,蟹肉最为常见的烹饪方式就是高温清蒸,蒸熟后依旧会导致过敏性体质人员产生过敏反应。因此,热处理对"蟹粉狮子头"脱敏是不现实的。

脱皮方法主要用来去除谷物和小麦类食物中的过敏原,因谷物和小麦的过敏原主要存在于外皮中。显而易见,蟹肉并不适用脱皮方法。

辐照消减方法则完全不存在上述两种方法的问题,不受去皮、高温、特殊包装处理及固态或液态限制,研究表明辐照法对蟹肉脱敏有良好效果。餐饮企业将蟹肉、蟹黄、猪肉和鸡蛋等原材料加工并制作成蟹粉狮子头,经−18℃冷冻,保持其特有外观形态,使用冷藏车运输至辐照加工企业。质量技术部门根据餐饮企业对蟹粉狮子头终产品的过敏原致敏性开展试验,最终制定辐照消减所需剂量。同水晶肴肉的辐照加工一样,将蟹粉狮子头产品包装箱放入辐照传送装置内,然后传送至含有电离辐射射线的辐照库房内,射线依旧毫无阻拦地穿过产品包装箱、产品内包装袋、圆溜溜的狮子头。蟹粉狮子头在辐照库房经消减过敏原蛋白质的致敏性后,不仅保留了食物特有的色、香、味、形,而且将狮子头中的部分微生物也做了杀灭处理,产品保质期由常温储藏环境下的2~3天延长至60天以上。

辐照脱敏蟹粉狮子头的效果非常好。一方面狮子头内含有的过敏原蛋白质会直接接受射线发出的能量,蛋白质空间结构发生变化,不能与人体内的受体细胞相结合,从本质上降低或完全消减了致敏性;另一方面辐照射线作用于食物中的水分子,会产生大量活性自由基,这些活性物质可与过敏原蛋白质中的氨基酸发生系列生化反应,也可导致过敏原蛋白质的空间结构遭到破坏,进而引起过敏原蛋白质溶解度下降,从数量上降低食物中的过敏原含量,达到消减过敏原致敏性的目的。有科学研究表明,水分子受到辐照产生自由基所引发的消减过敏原致敏性的效果比过敏原蛋白质通过吸收辐射能量的效果更显著。因此,食品中的水分含量越高,辐照消减蟹肉过敏原致敏性的效果越好。

携手传递美食缘——扬州盐水鹅

说了"地上跑"的水晶肴肉、"水里游"的蟹粉狮子头,接下来看一下"天上飞"的扬州盐水鹅。走出扬州西北郊,跨上一座束在窈窕河身上的小桥,转过御码头向西,我们就来到了乾隆皇帝曾品茗点、敕设满汉席的地方——冶春园。冶春茶社就开在这有树、有水、有桥、有榭的扬州名园之中。扬州茶肆讲究环境优美,多于园林中开设,冶春茶社为其代表。冶春园的名可不止源自环境,还有淮扬名菜"扬州盐水鹅"。

扬州盐水鹅是淮扬菜中的传统畜禽肉制品,色(白里透黄、滋润光滑)、香(清香醇厚、余味犹浓)、味(油而不腻、鲜嫩可口)、形(烂而不散、形整似活)无一不佳,深受消费者喜爱。扬州烹制鹅肉历史悠久,最早可追溯到 1 600 年前,北魏贾思勰在《齐民要术》中详细描述了扬州当地人烹制鹅肉的过程。扬州盐水鹅现在是冶春茶社的特色佳肴,深受扬州及周边地区消费者喜爱,在旅游产业发展繁荣的背景下,其作为扬州旅游特色产品也受到全国乃至全世界游客的青睐。

扬州盐水鹅一直沿用传统方式烹饪、加工,存在保质期短、不易携带等不足,当天售卖的盐水鹅在 37℃ 条件下保存时间还不到 7 个小时,20℃ 下最多为 24 小时,4℃ 下可延长至 3 天。因此,扬州当地盐水鹅大多是现售现食。据报道,扬州本地市场就拥有超过 4 000 个盐水鹅摊点,仅摊点盐水鹅的年加工量就超过 1 600 万只。除了现售现食,还有更多的扬州盐水鹅供应全国各地,扬州工厂化加工包装的盐水鹅年销量也超过 2 000 万只。

工厂化包装的扬州盐水鹅产量巨大,考虑到运输周期和销售周期,微生物控制是必须解决的问题。为避免高温灭菌工艺破坏鹅肉的营养和风味成分,扬州盐水鹅多采用二次低温巴氏杀菌的方法进行生产,但盐水鹅携带的微生物数量过高时会导致二次巴氏杀菌失败,产品有较大的腐败风险。

因为低温巴氏灭菌方法和高温灭菌法都不适合扬州盐水鹅的杀菌、保鲜,生产企业试图使用化学保藏法。企业希望应用现代食品加工过程中广泛使用的各种化学保藏剂,对扬州盐水鹅进行保质保鲜,如乳酸链球菌素对熟肉制品中产芽孢微生物的生长繁殖能够起到很好的抑制作用;山梨酸钾对食品中的霉菌、酵母菌和好氧性细菌有良好抑制作用;双乙酸钠对霉菌的抗菌效果较好。但应用结果表明,要使扬州盐水鹅通过添加这些食品添加剂的方式达到较好的保藏效果,那么添加剂使用量有时会远远超过国家关于食品添加剂使用的标准限值,原因在于盐水鹅携带的微生物数量过高时会导致保藏剂剂量过大。

有了水晶肴肉辐照杀菌的成功经验,生产企业期望也能通过辐照加工技术解决扬州盐水鹅的保藏问题,但在研究的过程中却发现了新问题。辐照杀菌方式确实能够杀灭扬州盐水鹅中的微生物从而延长食品货架期,但射线会诱导脂肪水解、释放自由基,加速肉类食品中脂肪氧化,提高脂肪氧化的程度,改变脂肪酸的种类和脂肪酸的含量,影响食物的营养品质,最直观的就是如果辐射剂量偏大就会导致产品出现不受欢迎的异味。

怎么破解这个难题呢?科研人员找到了不同技术优势互补的方法,将辐照技术与其他方法相配合,实现协同增效,1+1>2,通过技术复合降低了辐照杀菌的剂量。使用辐照杀菌方法对扬州盐水鹅进行灭菌处理时,添加乳酸链球菌素来抑制可以抵御射线杀灭作用的芽孢杆菌的繁殖,同时使用抗氧化剂阻碍或打断辐照引起的脂肪氧化自由基链式反应,如维生素 C 与异抗坏血酸钠在真空包装盐水鹅制品辐照过程中可以明显延缓脂肪氧化,提高盐水鹅的感官品质。

就像哲学家所描述的,世界从来不是完美无缺的。食品辐照技术也有其短板。虽然辐照技术对大多数微生物有良好的抑制和杀灭作用,但大自然中还有很多微生物对射线具有强烈的抵御能力,如耐辐射球菌,这是一种在真空实验条件下用不同波长和强度的紫外线连续辐射 16 个小时的恶劣环境中还可以存活下来的微生物。另外,扬州盐水鹅之类的食品对辐照加工的

辐照杀菌保鲜,助力美食进万家

剂量敏感,容易出现品质不良变化。食品辐照杀菌技术联合其他食品保藏方式可以更大限度地保持预制菜肴(尤其是扬州盐水鹅之类产品)的特有风味,使地方特色风味预制菜肴实现工业化生产,让全世界的消费者都可以享受美食带来的快乐。

辐照技术——食品的安全卫士

第11章

航天食品辐照——美味的翅膀

人类渴望认识宇宙，渴望遨游太空，渴望探索未知的世界。载人航天的成功标志着人类从此可以飞离地球、遨游太空，开始真正的太空生活。那么，真实的太空生活到底是一种什么样的体验呢？航天员在太空中怎么吃，吃什么呢？我们把航天员在太空中吃的一日三餐叫作航天食品，看似简单的航天食品背后却隐藏着超乎你想象的"黑科技"，来听听它背后的故事。

中国人的千年"飞天梦"

飞离地球、遨游太空是中华民族一直以来的梦想，从古至今，中华民族从未停止对浩瀚无垠宇宙的探索。我国古代早就流传着"嫦娥奔月""牛郎织女"等家喻户晓的神话传说。从春秋时期木匠的祖师爷鲁班削竹做成的"木鹊"，到明代官员万户利用自制的火箭装置"飞天"，数千年来，炎黄子孙追寻"飞天梦"的脚步从未停歇。

近代航天科技的发展与载人航天技术的进步，为人类探索太空提供了坚实的保障,使载人航天成为现实。1961 年 4 月 12 日,苏联航天员尤里·加加林成为第一个进入太空的地球人。1969 年 7 月 20 日,美国航天员阿姆斯特朗和奥尔德林成功登上月球,成为首次踏上月球的人类。新中国成立以来,中国航天事业不断蓬勃发展。2003 年 10 月 15 日上午 9 时,在酒泉卫星发射中心,我国自行研制的"神舟五号"载人航天飞船被送上太空,在围绕地球飞行 14 圈后,飞船成功返回,航天员杨利伟在着陆后用三句话概括了他 21 个小时的太空旅行:"飞船飞行正常,我自我感觉良好,我为祖国骄傲。"

截至神舟 14 号飞天,我国已先后九次成功发射载人航天飞船,累计将 23 人次航天员送入太空。2008 年 9 月 27 日,"神舟七号"载人航天飞船在轨飞行期间,航天员景海鹏首次实现在太空的舱外活动,完成了我国历史上第一次太空漫步。2021 年 10 月 16 日,神舟十三号载人飞船成功发射,顺利将翟志刚、王亚平、叶光富送入太空,三名航天员在天宫空间站驻留时间长达 6 个月。千年飞天梦,圆梦在今朝,富有激情与魄力的炎黄子孙又有了登临月球、探索火星、遨游于更深更远太空的绚丽梦想,正如杨利伟所说:"我们的目标是星辰大海。"

在探索宇宙的征程中,航天食品研制是我们必须考虑的问题。正如我们经常听到的,"每个英雄的背后,都有一群无名英雄"。航天食品的研发生产者,就是这些"幕后"英雄中的一分子。你可能不知道,航天员翟志刚的夫人就是一名航天食品研究人员,2003 年,杨利伟首次到外太空时,所食用的航天食物就是她的团队研发制作的。那么,航天食品与日常饮食有何不同?航天食品的研制、生产有什么特殊要求呢?

🚀 舌尖上的太空饮食

吃东西对地球人来说是再简单不过的事情，但对在太空生活的航天员来说却是一种完全不同的体验。航天员在太空吃什么？怎么吃？这些看似简单的事情，却有很高的技术要求。

俗话说，"人是铁，饭是钢，一顿不吃饿得慌"。航天食品是航天员在太空唯一的营养和能量来源。它们在本质上与地球食品一样，都是为人体提供营养和能量的。但因为航天员身处外太空，脱离社会环境，一日三餐被赋予了更多的意义。航天食品不仅要保障营养均衡，容易消化吸收，还要符合航天员的饮食习惯和口味要求。在长期航天飞行期间，航天食品还会对航天员的心理起到良好的支持作用。据航天员反映，航天食品是他们在天空中少数乐趣来源之一，他们很清楚还剩下哪些食物、谁吃哪种食物以及什么时候吃，这能不断地增加他们在准备食物和用餐过程中的乐趣。另外，航天食品也是增加乘组航天员之间亲和感的重要媒介，用餐的过程可以增进航天员之间的交流。因此，完美的航天食品被赋予多重责任，需具有可接受性及多样性，能满足航天员生理、心理的需求。法国航天员皮耶尔·海涅雷曾说："空间站上的航天食品不应该被小看，因为太空中的每一顿饭都是一次重要的放松机会，是维持生命和精神生活的重大举动。"航天员只有吃得好、睡得香，才能在太空中更好地完成各项工作任务。

既然航天食品如此重要，那航天食品究竟是什么模样呢？

自20世纪60年代以来，航天食品经历了从"黑暗料理"到丰盛太空餐点的蜕变过程。在人类载人航天的初期，为了不让航天员在太空中饿肚子,科学家们发明了牙膏式的航天食品,这是一种含有肉糜、果酱、菜泥等食物的半固态食品,用牙膏管状的铝制材料包装,在铝管顶端有一个进食管,吃的时候用"嘴对嘴"的方式,像挤牙膏一样把食物直接挤进嘴里。1961年,苏联为第一位航天员加加林准备了9种牙膏式食品,共有60多支软管,每支软管装有140～160克食物。他选择的主食是肉泥、浓缩罗宋汤,甜点是巧克力酱,加加林成为第一个在太空中品尝牙膏式食品的航天员。牙膏式的航天食品虽然吃着很方便,但这种食品既看不到形状、也闻不到香味,加上味道实在是很一般,所以不太受航天员们欢迎,有的航天员曾吐槽这种食品:"我吃的简直不是食品,而是药。"

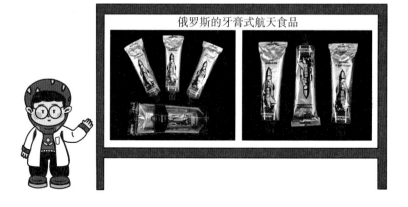

俄罗斯的牙膏式航天食品

为了方便航天员在太空中用餐,继牙膏式食品之后,科学家们又很快研制出新的食物,这类食物被压缩成和嘴巴大小相近的小方块或小球形状,方便让航天员"一口吃",以面包、饼干等较为常见。2003年,"神舟五号"航天飞船在太空执行飞行任务时恰逢中秋佳节,杨利伟还特别表演了在太空中自动吃小月饼,他把小月饼一个个抛起来，让它们漂浮着排成一列，只要稍微吸口气就会"饼从口入"。"一口吃"的航天食品虽然食用方便、易于携带，但含水量低，风味也不够理想。由此可见，早期航天员的饮食条件还是比较艰苦的，这些食品只能维持航天员的生存需求，美味尚不在科学家的考虑范畴，好在当时每次在太空待的时间都不长，航天员也是能忍则忍。

随着载人航天的不断发展，航天食品的种类也逐渐多样化。美国"双子星座号"航天员首次尝试食用了塑料包装的冻干食品。它保持了食品原有的形状和色泽，营养成分损失少，色香味俱全，在性状和风味上更接近于地面的普通膳食，能较好地满足航天员的口味需求；而且品种多样，肉、蛋、蔬菜、水果等食物应有尽有。航天员从一开始就对它表现出了很大的好感，"阿波罗11号"航天飞船上就储存了100多份脱水食品。"阿波罗8号"飞船首次使用了软包装罐藏食品，弗兰克·博尔曼等3名航天在离开月球返回地球的航程中，食用了采用软包装材料包装并经过蒸煮杀菌的火鸡块。到如今，航天食品的类型扩展到热稳定食品、新鲜食品、调味品、辐照食品、复水食品、复水饮料、中水分食品、自然型食品和功能食品等。航天员已经可以在航程中享用到多种多样的美味航天食品，不仅有种类繁多的鱼类、肉类罐头，还有丰盛的主食及各式菜肴，甚至还能吃上口感不错的冻干水果和冰淇淋。

航天食品的安全与辐照

航天食品的加工不同于普通食品，需要考虑到多种限制因素，必须是在地面经过严格的模拟飞行试验后生产出来的产品。

首先,在太空低压、失重以及舱内空间狭小的特殊环境条件下,航天食品应具有重量轻、体积小、易于携带和方便食用等特点。其次,航天食品及包装必须能经受住舱内冲击、振动、低气压以及辐射等环境因素的不良影响,以保障航天员在太空中顺利完成各项任务。除了满足航天飞行对食品的特殊要求外,航天食品还与普通食品一样,对食品安全有严格要求。对于长期在轨飞行的航天员,除了要保障航天食品的质量安全与营养均衡、容易消化吸收、符合航天员的饮食习惯和口味要求外,航天食品还要有良好的储存性能,不能有引起食物腐败变质的微生物,更不能有致病菌,不能存在任何发生食源性疾病或食物中毒的风险。由于太空环境特殊,对航天食品的质量控制相当严格,航天员在太空中因食品卫生问题出现腹泻、甚至食物中毒的情况是绝对不允许发生的。因此,航天食品基本要求就是要确保卫生安全。

近年来,由食源性致病菌引起的食物中毒和食源性疾病安全事件频频发生,日本、欧洲、美国等地就曾先后爆发过大规模的大肠杆菌 O157:H7 食物中毒大流行;日本"雪印"牛奶因金黄色葡萄球菌污染导致上万名消费者食物中毒;法国出现数名因食用熟肉制品而感染了李斯特杆菌的患者。在发达国家尚且如此,其他发展中国家食源性疾病发生的情况更是难以估计。与普通地面食品一样,威胁航天食品安全的最主要因素还是微生物污染。一方面,航天食品中的腐败微生物会引起腐败变质,缩短航天食品的储存期,影响航天员长期航天任务的执行;另一方面,航天食品中潜在的致病菌和毒素会造成严重的食源性疾病。肉毒杆菌就是其中毒性最强的病原菌之一,它是一种能在缺氧环境下生长的细菌,在罐头食品及密封腌渍食物中也具有极强的生存能力,它在生长繁殖过程中会分泌一种肉毒毒素,这种毒素是目前已知毒性最强的一种生物毒素。人们误食这种毒素后，神经系统将遭到破坏，出现头晕、呼吸困难、肌肉乏力等症状，严重者甚至可导致呼吸麻痹以致死亡。为保障航天员和空间站的卫生安全，所有航天食品都要求无菌，一方面可以保证在不打开密封包装的情况下长期保存；另一方面可以避免外带微生物危害空间站安全。与普通食品一样，航天食品也是从自然生长的农产品取材，原料带菌不可避免，这就要求航天食品的生产加工过程中必须有杀菌环节，要做到航天食品中不含有微生物。辐照杀菌就是目前航天食品生产中使用的主要杀菌技术之一。

辐照是一种安全、高效的食品"冷加工"技术，可以有效地杀灭食品中的腐败菌和致病菌，大大延长食品的保质期。经过辐照处理的航天食品储存很长的时间也不会变质。在"阿波罗"号执行任务期间，首次采用了食品辐照技术作为航天食品卫生质量控制的手段，自此，辐照食品开始作为航天食品进入太空。辐照能在不打开包装的情况下对加工好的食品直接进行杀菌处理，防止二次污染，并可以很好地保持食品原有的风味，这是传统热力杀菌所无法比拟的优势。水果、蔬菜、肉类等冻干后，经过辐照杀菌处理杀灭其中的微生物，能让航天员有机会在太空中享用到诸如蔬菜色拉、铁板牛肉等原汁原味的美味佳肴。美国宇航员在太空中所吃到的食品大多是经过辐照处理的，且辐照剂量略高于地面的辐照剂量标准，以防宇航员在太空中感染食源性疾病。

1975 年 7 月，苏联"联盟"号飞船与美国"阿波罗"号飞船在太空中成功实现对接。两座飞船对接以后，美国宇航员邀请苏联宇航员到"阿波罗"号做客，并热情地邀请他们一起共进"午餐",美国宇航员招待苏联客人的美味佳肴包括牛排、火腿、鸡肉片和辐照烙饼等。这场景把苏联客人们惊呆了。在太空中飞行要求所有食品都要做到绝对无菌,而且又要在失重环境下进食。对于宇航员而言,航天食品的味道固然很重要,但对在遥远太空一时无法得到先进医疗服务的情况下,食品安全才是重中之重。因此,苏联宇航员的食品都是单调乏味的混合食品,装在牙膏管一样的包装中,吃起来就像挤牙膏一样把它往嘴里挤,这种食品像糨糊似的一团,根本谈不上什么"色、香、味"。当他们享用美国宇航员提供的大餐时,胃口大开,赞叹不已。美国宇航员用来招待苏联客人的就是经过辐照处理的食品,这也是辐照航天食品首次食用试验。有了经辐照处理过的食品,美国宇航员能在太空中尝到风味各异的佳肴,避免了千篇一律的管状糊类食物。美国宇航局为此专门向研制辐照食品的科学家和陆军部纳蒂克实验室送了奖章和一面曾到过月球的美国国旗。美国宇航局在给纳蒂克实验室科学家们的一封信中说道:"阿波罗-联盟号"宇航员对这种农产品的质量和数量很满意,宇航员飞行期间食欲同飞行前一样好。

　　2008年4月8日,韩国人李素妍搭乘俄罗斯"联盟"号载人飞船前往国际空间站,成为历史上首位进入太空的韩国女航天员,同时也是首位韩国籍航天员。李素妍进入太空时随身带着韩国泡菜,它是以菜叶、红辣椒、萝卜、姜和蒜为原料经发酵而成的。在此之前,有人对将泡菜带上太空的计划提出质疑,称泡菜中因发酵产生的菌类可能给空间站带来危险。韩国原子能研究机构也称,泡菜中含有的乳酸菌会威胁宇航员的身体健康。针对此种担忧,韩国方面专门研制了在无菌条件下制作的泡菜,保证其中不含任何菌类。这种无菌泡菜就是经过辐照处理的食品。由于泡菜不能用热力杀菌,只能通过辐照处理来保证常温不胀袋。但高剂量辐照处理会导致泡菜质地变软,因此,有学者研究出在泡菜制作过程中添加乳酸钙和维生素 C 等保护剂,再通过 2.5 万戈瑞的 γ 射线辐照处理,这样制备出来的即食航天泡菜可以很好地保持其感官特性,能保存较长的时间。

　　为保证航天食品的无菌状态,辐照剂量通常需要达到较高的水平,远远高于普通食品杀菌保鲜所需要的剂量,美国 FDA 要求对航天食品进行辐照杀菌处理的最低剂量为 4.4 万戈瑞。但高剂量辐照对航天食品的品质容易产生不良影响,目前科学家试图采用更低的剂量辐照,使航天食品达到商业无菌状态,也就是不再要求航天食品完全不存在任何微生物,而是既不含有致病的微生物,也不含有在通常温度下能繁殖的非致病性微生物。这就可以保证在航天食品中的残留微生物不能生长繁殖,不会引起食品腐败变质,也不会因致病菌产生毒素而影响人体健康。如电子束辐照方法处理牛肉食品,1.5 万戈瑞剂量便能使产生志贺毒素的大肠杆菌减少约 10 个数量级,即从 1×10^{10} CFU/克到无菌检出,产孢梭菌孢子减少 5 个数量级,即从 1×10^{5} CFU/克到无菌检出,同时使牛肉中产生异味的二甲基硫醚等挥发性风味物质浓度降低,有效提升了航天食品品质。也有学者利用辐照处理冷冻干燥的海带汤,结果发现经 1 万戈瑞剂量辐照便能满足航天食品的微生物限量要求,且小于 1 万戈瑞剂量辐照对其外观影响不明显,但超过 1 万戈瑞剂量辐照会使其感官评分降低。除了剂量控制,科学家还通过多种技术复用以增效提升航天食品品质。有学者研究将航天用途的石锅拌饭进行辐照灭菌制成即食食品,经 2.5 万戈瑞的 γ 射线辐照后,菌落总数减少 6 个数量级，即从 1×10^6 CFU/克到无菌检出，但感官品质会显著下降；而采用 0.1% 的维生素 C 处理、真空包装并且在 −70℃ 温度储藏，经 2.5 万戈瑞的 γ 射线辐照处理后其感官品质提高。现在，研究人员正利用辐照方法或辐照联合其他食品加工技术，研发更多高品质的航天食品。辐照为美味佳肴插上了翅膀，使舌尖上的太空更加精彩。

中国特色的航天食品

我国航天食品的研发始于 20 世纪 70 年代初，随着我国载人航天事业快速发展，作为航天员在太空生活的必需品，我国的航天食品也同步发展，经历了从无到有、从速食到定制的过程。中国的饮食文化源远流长，博大精深，我国的航天食品极具中国特色，传统的中式菜肴都有可能成为航天食品，更符合我国航天员的饮食习惯，在载人航天领域的应用中展现出独特的优势。与国外的航天食品相比，我国的航天食品更加色香味俱佳、可口宜人，能够很好地满足我国航天员的口味要求。比如，膳食有主食和副食之分，主食主要以米、面类食物为主，副食讲究荤素搭配；在加工上注重色、香、味、形，如八宝饭不仅风味独特、且色泽艳丽，其中的莲子、桂圆等配料还具有保健功能，展现出浓郁的"中国味"。

2003 年，"神舟五号"航天飞船载着杨利伟在太空遨游了 21 个小时，飞船上携带了足够他吃几天的食物，包括八宝饭、红烧肉、鱼香肉丝、宫保鸡丁、鱼肉丸子、榨菜、饼干等。由于当时恰逢中秋节，工作人员还特地为他准备了能够一口吃一个的小月饼。另外，还针对他个人的口味，特意为他准备了一些辛辣食物。飞船上共装有 20 多种食品,可以让他连续吃一个星期不重样。在轨飞行期间,他像在地球上一样一日三餐,成为我国第一个在太空中享用航天食品的"太空美食家",后来他用一句"味道好极了"来评价在天上的这一日三餐。可美中不足的是,由于太空中不能加热,杨利伟平时喜欢吃的红烧肉没能吃出它应有的味道。同样,八宝饭也因为不能加热,吃起来口感很一般。

后来的每一次飞行,我国航天员的太空食谱上都增加了许多新品种的食品。同时,在太空中驻留的时间越来越长,对航天食品的加工储存技术也提出了更高的要求。2016 年 10 月发射的"神舟十一号"飞船,航天员景海鹏、陈冬在太空中执行了长达 33 天的驻留任务。这次飞行任务中,工作人员为他们准备了各式各样的航天食品,包括主食、副食、即食食品、饮品、调味品和功能食品六大类,共有一百多个品种,其中就有牛肉米粉、香辣鸡翅、豆豉鲮鱼、芋头烧蹄筋等中式餐桌上的"硬菜",航天员甚至能在太空舱中吃到冻干冰激凌。由于空间运动症的影响,航天员的食欲会有所降低,工作人员还特意为他们配备了粥等清淡的食物。此外,针对中长期飞行期间航天员的身体状态变化,还结合了中医食疗食养的理念来配置相应的保健食品,甚至还有针对女航天员生理特点制作的低脂食品和补血食品,帮助航天员更好地执行航天任务。考虑到中国人有饭后喝茶的习惯,我国航天食品专家还发明了一种包装简单、饮用方便的茶,只需往包装袋里注水就可以打开饮用。

据北京航天医学工程研究所航天食品分系统主任白树民介绍,为了增进航天员的食欲、提高食物的摄入量,我国的航天食谱通常采用个人选择性食谱。那么什么是个人选择性食谱呢?就是在飞行前由航天员根据饮食喜好来选择食品,由航天营养专家进行科学配餐后编入食谱,以供他们在太空飞行时使用。如今,我国航天员已经可以在太空中"变着花样吃,调着口味吃,换着风格吃",甜的、咸的、辣的,各种口味皆备。"神舟十三号"飞行期间,3名航天员在太空中的食物清单就兼顾了每个航天员的个人口味,例如,工作人员为来自黑龙江的翟志刚安排了东北炖菜,为来自山东的王亚平安排了海鲜,还为来自四川的叶光富准备了很多成都风味的食物。在这些中式浪漫太空餐的背后,辐照技术作为一项黑科技发挥了其独特优势,做出了重要贡献。随着辐照联合更多现代食品加工技术在航天食品中的应用,有望实现更多中式美味佳肴的新鲜"搬家"。今后,中国特色的航天食品种类将更加丰富,为我国航天员提供更加舒适的饮食条件,实现"让航天员像在地面一样饮食"的目标。

第 12 章

宠物食品辐照——安全小卫士

宠物与人类的生活与日常相伴由来已久。自古以来，动物不仅仅是宠物，更是人类的同伴、精神的寄托，人类从未吝啬过对动物的宠爱。元顺帝养大象，王羲之爱鹅，雍正养狗；"溪柴火软蛮毡暖，我与狸奴不出门。"陆游与猫都不出门了；苏轼"聊发少年狂"时是"左牵黄，右擎苍"；林逋更是隐居西湖孤山，"以梅为妻，以鹤为子"。

宠物食品——宠物朋友的口粮

宠物食品——宠物朋友需要的安全口粮

　　早在宋代,开封便出现了专门的宠物市场。据《东京梦华录》记载,大相国寺每月对百姓开放 5 次,供他们进行宠物交易,寺内"大三门上皆是飞禽猫犬之类,珍禽奇兽,无所不有"。而中国现代意义上的宠物饲养则开始于 20 世纪 90 年代。1992 年,中国小动物保护协会成立,协会负责向整个社会宣导保护动物、爱护动物、动物是人类的朋友等文明理念。随之,一些宠物用品零售店出现在北京和上海街头。进入 21 世纪之后,北、上、广、深等一线城市先后出台政策引导规范养犬,中国宠物的数量快速攀升,涌现出一批规模化的宠物产品生产企业。2010 年之后,伴随着经济增长、消费升级,以及空巢青年、空巢老人、丁克家庭数量的增长,宠物数量迅猛增长。

　　据不完全统计,目前全球宠物数量有 1.2×10^9 只左右,其中美国有 4×10^8 只,欧洲有 4.33×10^8 只,日本有 2×10^8 只,巴西有 1.3×10^8 只;据预计,到 2024 年,中国将拥有 2.5×10^9 只宠物猫狗,远远超过美国的 1.7×10^9 只。

　　从蟋蟀、猫、狗、兔、鼠,到鱼、龟、鸽子、鹦鹉,再到猪、羊、鸡,乃至蜥蜴、蛇、鹤、孔雀、猩猩、狮子、老虎……被人类宠过、宠着的动物林林总总,如今日常饲养的宠物以犬猫为主。每类宠物又可以细分很多不同的品种,比如犬类就有牧羊犬、比特犬、阿拉斯加犬、泰迪犬、金毛犬、藏獒犬等。

　　既然动物是人类的朋友,对于朋友赖以生存的食物自然不能含糊。那如何饲养宠物呢?

　　宋代,开封大相国寺内不仅出售飞禽猫犬、珍禽奇兽,还出售各类宠物食粮,"凡宅舍养马,则每日有人供草料;养犬,则供饧糠;养猫,则供鱼鳅;养鱼,则供虮虾儿。"

宠物食品这一概念,自 20 世纪 90 年代起才在我国逐渐形成。宠物食品就是专门为宠物和小动物提供的、介于人类食品与传统畜禽饲料之间的高档动物食品。它按照宠物的不同种类、不同生理阶段、不同营养需求设计,将多种饲料原料按照科学配比制成,为宠物生长、发育、健康提供基础营养物质。不同的宠物需要的宠物食品是不完全一样的,这里面大有学问!现在越来越多的宠物主人趋向于使用与人类食物类型相同的宠物食品来喂食他们的宠物。

市场上的宠物食品琳琅满目,我们要如何分类、选择呢?

按照肉眼可见的形态划分,宠物食品可以分为干性宠物食品和罐装宠物食品。目前,市场销售的大多数干性宠物食品属于膨化食品,也就是通常所说的宠物干粮食品。宠物干粮食品的水分含量一般为 $10\%\sim32\%$。罐装宠物食品以鲜肉、冷冻肉类或动物副产品为主,水分含量一般为 $74\%\sim78\%$,可以单独饲喂,也可以添加到干粮中,让干粮更美味。

按照营养成分和用途划分,可分为全营养宠物食品和其他用途宠物食品。全营养宠物食品能够满足宠物除水分以外的能量、营养需求及生理需要。而其他用途宠物食品主要包括各类宠物零食(如饼干、肉棒等)、宠物保健品(如维生素片等)和处方食品等。

按照宠物的种类与生理发育阶段划分,可分为一般宠物食品和特种宠物食品。一般宠物食品,即目前宠物食品市场上最常见的犬粮和猫粮。犬粮和猫粮又可根据动物品种、生理发育阶段等进一步细分为不同的产品。以犬粮为例,根据犬的体型细分为大型犬粮、中型犬粮和小型犬粮等;根据犬的生理发育阶段细分为幼犬粮、成年犬粮、妊娠期犬粮、哺乳期犬粮和老年期犬粮等;还有专门针对宠物品种设计的专用犬粮,如金毛巡回犬专用犬粮、贵宾犬专用犬粮、吉娃娃犬专用犬粮等。特种宠物食品主要指除猫、狗以外的其他宠物的食品,如观赏鸟、观赏鱼、龟、蛇等宠物的食品。因此,宠物食品要按需选择。

安全可靠的食品,不是人类独有的需求,宠物同样需要。欧美国家为了保障宠物食品的安全,制定了专门的质量体系认证。质量体系认证亦称"质量体系注册",是由公正的第三方体系认证机构,依据正式发布的质量体系标准,向公众证明企业的质量体系符合某一质量体系标准的全部活动。这就意味着宠物食品的各项参数必须达标,才能在这些国家的市场上销售。我国每年都有大量的宠物食品出口至国外,因而这些产品的质量必须符合进口国家的要求。

宠物食品营养丰富,但是容易被细菌、霉菌等微生物盯上而受到污染,从而导致出口贸易中因微生物污染超标而引发退货、索赔,造成巨额的经济损失。据不完全统计,2006—2013年,欧盟通报进口宠物食品召回涉及原因分析中,有207批是因为微生物超标,占通报总数的59%。其中沙门氏菌160批,肠杆菌科39批。在此期间,欧盟通报中国出口宠物食品召回涉及原因分析中,有20批是因为微生物超标,占通报总数的76.9%,其中肠杆菌科16批,沙门氏菌4批。国外知名宠物媒体 *Truth About Pet Food* 曾统计,宠物食品召回涉及主要问题之一就是微生物超标。

被细菌、霉菌等微生物污染的宠物食品质量下降,甚至产生生物毒素,一旦喂养给宠物,将严重影响宠物的生长和健康。据

辐照技术——食品的安全卫士

媒体报道,2009 年,南京一家宠物店向法院提起诉讼,称其从南京某宠物用品经营部购买某品牌狗粮,宠物店的宠物狗吃了之后均出现不良症状,经检查发现宠物狗因食用该品牌狗粮导致中毒,医生根据小狗中毒症状判定很可能是黄曲霉素中毒。2022 年初,上海某品牌猫粮被曝猫食用后中毒生病,据不完全统计,这起中毒事件共涉及 239 只猫,其中 95 只抢救无效死亡。一次次的"毒狗粮""毒猫粮"风波将宠物食品安全的问题摆到了大众面前,也再一次敲打了这个已经发展到 1 000 亿元的宠物产品市场。

宠物食品食用的安全保障措施需要进一步完善。如何提高宠物食品的食用安全性呢?辐照技术在宠物食品杀菌消毒方面具有其他技术不可比拟的优势,简单的辐照加工就可完成宠物食品杀菌。你可能不知道,在人类食品卫生与安全方面发挥了重要作用的辐照技术已被广泛运用到了宠物食品的卫生与安全的保障中。

辐照——宠物食品的安全小卫士

随着人们生活水平的不断提高以及宠物在人们日常生活中的参与度越来越深,人们对宠物食品安全性的要求也越来越高。作为宠物食品安全的卫士,辐照加工不仅可以杀死细菌、霉菌等微生物,提高宠物食品的卫生质量;还可以减少食品的腐败、腐烂,延长其保质期;更可以控制食源性疾病,减少宠物患病概率,降低人畜共患病的风险。

你也许想问:既然辐照那么厉害,辐照宠物食品的安全就万无一失了吗? 在宠物食品的辐照杀菌技术等方面,我国已经开展了大量研究。我们以科学家对宠物干粮食品——鸡胸肉脯的研究为例,一起来看看辐照是如何保证宠物食品安全性的。

首先,辐照杀菌效果显著。辐照可以降低宠物食品中的微生物数量(包括菌落总数、大肠菌群数,以及沙门氏菌等),最终达到我国对宠物食品微生物含量的限量要求。有研究者以鸡胸肉脯为研究对象,对其多次进行 4 000～8 000 戈瑞的辐照。试验结果证明,经 4 000～8 000 戈瑞的辐照后的鸡胸肉脯,菌落总数降幅最大可由辐照前的 3.6×10^6 CFU/克降低到 9.3×10^2 CFU/克,下降 4 个数量级,大肠菌群最多可由辐照前的 1.9×10^4 MPN/100 克降至 30 MPN/100 克以下。

在其中一次试验中,辐照处理前鸡胸肉脯染菌量情况为菌落总数 8.6×10^4 CFU/克、霉菌 5.5×10^3 CFU/克、大肠菌群 1.9×10^4 MPN/100 克、沙门氏菌 6.2×10^2 CFU/25 克。当辐照剂量 8 000 戈瑞时,菌落总数降至 9.8×10^2 CFU/克、大肠菌群降至 30 MPN/100 克、沙门氏菌降至未检出,已经达到我国食品中微生物的限量要求,并且储藏期间辐照鸡胸肉脯的卫生质量明显优于没有辐照的鸡胸肉。

其次,辐照不会破坏宠物食品营养价值。宠物食品中营养物质的稳定性是不同的,通常维生素稳定性最差,蛋白质次之,微量元素最稳定。与高温高压灭菌法等传统方法对宠物食品营养成分造成严重破坏不同,辐照灭菌对宠物食品组织结构和营养成分破坏均较小,基本可保持宠物食品的原有营养价值。

为了证实辐照宠物食品的安全性,科学家对试验鸡胸肉脯开展了破坏性试验,对鸡胸肉脯进行了最高达 20 万戈瑞的辐照处理,结果鸡胸肉脯的基本营养成分(蛋白质、脂肪等)、大部分氨基酸、微量元素的含量没有显著变化。

辐照技术——食品的安全卫士

第三,合理运用辐照剂量不会改变宠物食品品质。适口性和耐口性是宠物食品重要的感官品质(指色泽、气味与滋味、口感、可受性等),是衡量辐照宠物食品质量的重要指标之一。适口性指的是宠物食品被宠物食用时,其理化性状刺激动物视觉、味觉和触觉,使宠物表现出好恶的现象。耐口性指的是宠物对于食品采食的积极性和持续采食、反复采食的频率程度。

宠物食品的原料绝大多数是动物源性食品,这意味着,它接近于人类食品。辐照前后宠物食品的适口性和耐口性也应与产品的色、香、味、态保持一致,尤其是气味与滋味。因此,辐照后宠物食品的感官品质不能有丝毫的改变。

这点要如何才能做到? 就是通过合理运用辐照剂量实现的。为保证宠物食品品质,研究者做了大量研究。还是以宠物食品中使用量极大的鸡胸肉为例,经 4 000～50 000 戈瑞的辐照处理后,鸡胸肉脯的色泽、风味与滋味、口感没有明显改变,可接受性程度好;当剂量达到 10 万～20 万戈瑞时,鸡胸肉脯的颜色轻微变浅,呈淡棕色或棕褐色,但不影响品质,风味与滋味没有明显变化,可接受性程度良好。

第四,辐照处理的宠物食品是安全的。确保了营养与品质,接下来要考虑如何确定辐照后的宠物食品的安全性,为此,科学家们对宠物食品进行了辐照安全性毒理学评价。

科学家依据食品安全性毒理学评价程序和方法,以高剂量辐照(1 万戈瑞、1.5 万戈瑞和 2.5 万戈瑞)处理的鸡胸肉脯喂食小鼠、大鼠 30 天,在此期间对小鼠、大鼠进行急性毒性试验、Ames 试验(污染物致突变性检测)、骨髓细胞微核试验、精子畸形试验,最终评价其食用的可行性和安全性。

在这一过程,经观察,小鼠活动、进食、行为等没有异常;小鼠毛色正常,无死亡发生,体重与饲喂普通鸡胸肉脯的小鼠没有明显差异;根据 LD_{50} 剂量分级标准,辐照鸡胸肉脯被证实均属实际无毒级、均未见致突变作用、对小鼠精子没有遗传毒性。LD_{50} 最初是用于评价化学物质毒性的指标,亦称半数致死剂量,是指能杀死一半试验总体的有害物质、有毒物质或游离辐射的剂量。LD_{50} 是评价化学物质急性毒性大小最重要的参数,也是对不同化学物质进行急性毒性分级的基础标准,化学物质的急性毒性越大,其 LD_{50} 的数值越小。辐照鸡胸肉脯对大鼠每周进食量、总进食量的影响在正常值范围内,对其每周食物利用率、总食物利用率也没有明显影响;对大鼠血红蛋白、红细胞、白细胞、血小板以及白细胞指标没有明显影响;大鼠血清总蛋白(TP)、白蛋白(ALB)、谷丙转氨酶(ALT)、谷草转氨酶(AST)、葡萄糖(GLU)、肌酐(CR)、尿素氮(BUN)、尿酸(UA)、胆固醇(T-Che)及甘油三酯(TG)等各项指标均在其正常值范围内;大鼠的肝、肾、脾、睾丸重量以及肝重/体重、肾重/体重、脾重/体重及睾丸重/体重比都无明显变化;在病理学检查中,大鼠肝、肾、胃、十二指肠、脾、睾丸、卵巢观察没有出现明显的组织病理学改变。

宠物食品辐照加工中

这些检查的指标是不是看着很眼熟？是的，有些是我们平时的体检单上也会出现的检查项目，现在可以相信辐照宠物食品是安全的了吧？

🎐 没有规矩，不成方圆——宠物食品辐照标准

没有规矩，不成方圆。世界各国对宠物食品辐照的剂量都有明确规定，美国、日本等发达国家都单独针对宠物饲料出台了相关的法律法规。美国联邦法规《辐照在动物饲料和宠物食品生产、加工和处理中的应用》中规定家禽饲料最小辐照灭菌剂量为2 000戈瑞；辐照食品国际顾问小组（ICGFI）第19号文件规定了鸡饲料辐照杀菌的最小剂量为3 000戈瑞，同时还规定了杀灭沙门氏菌、大肠埃希菌、李斯特菌等的最小剂量为4 000戈瑞；日本规定辐照灭菌饲料最小辐照剂量为2.5万戈瑞。ICGFI第19号文件规定了鸡饲料辐照杀菌的最大剂量为7 000戈瑞，这一辐照剂量足以减少饲料中微生物数量，而不引起饲料成分的显著化学变化。1995年9月25日，联合国粮农组织、国际原子能机构、世界卫生组织（FAO/IAEA/WHO）公布的世界各国已批准的辐照食品一览表中列出了匈牙利批准混合干饲料辐照杀菌的最大剂量为5 000戈瑞；以色列批准动物饲料辐照杀菌的最大剂量为1.5万戈瑞；韩国批准鱼粉辐照灭菌最大辐照剂量为7 000戈瑞；美国联邦法规规定动物饲料辐照消毒剂量不超过5万戈瑞，家禽最大辐照灭菌剂量为2.5万戈瑞；日本规定辐照灭菌饲料最大辐照剂量为5万戈瑞；而法国采用的辐照剂量是2.5万戈瑞。

为加强我国宠物食品安全管理，引导宠物食品市场的健康

有序发展,中国饲料工业协会于 2010 年专门成立了一个专业委员会和一个工作组——中国饲料工业协会宠物饲料专业委员会和全国饲料工业标准化技术委员会宠物饲料工作组,开展宠物饲料行业自我监管和标准化等相关工作。2007 年 12 月 1 日,农业行业标准《饲料辐照杀菌技术规范》(NY/T 1448—2007)发布实施,2009 年 2 月 1 日,国家标准《宠物干粮食品辐照杀菌技术规范》(GB/T 22545—2008)发布实施,分别对宠物饲料和宠物干粮食品适宜的辐照剂量范围两项标准进行了规定。《饲料辐照杀菌技术规范》规定,无菌动物饲料和悉生动物饲料辐照杀菌的最低有效剂量为 2.5 万戈瑞,最高耐受剂量为 5 万戈瑞;无特定病原体动物饲料和清洁动物饲料辐照杀菌的最低有效剂量为 1 万戈瑞,最高耐受剂量为 2.5 万戈瑞;普通实验动物饲料和宠物饲料适宜的最低有效剂量为 4 000 戈瑞,最高耐受剂量为 1 万戈瑞;畜禽水产饲料辐照杀菌的最低有效剂量为 3 000 戈瑞,最高耐受剂量为 6 000 戈瑞。《宠物干粮食品辐照技术规范》规定,宠物干粮食品适宜的辐照剂量范围是 4 000~15 000 戈瑞。

这里有个问题必须明确一下,辐照技术像是一把双刃剑,用它可以提高宠物食品的卫生质量,让好的产品质量更好。但如果加大辐照剂量,它也能让卫生质量严重不合格的宠物食品的卫生质量达标,变次品为合格产品。因而一些不良商家把辐照技术当作了"万金油",认为微生物超标不可怕,用辐照技术统统可以杀,从而在生产加工过程中放松对宠物食品加工质量的要求。因此,为了防止辐照技术被滥用,前面所述的两项标准中都对宠物食品辐照前的感官指标、卫生指标、包装材料做出了要求,只有符合标准规定的宠物食品才能进行辐照处理。《宠物干粮食品辐照技术规范》规定,宠物干粮食品辐照前的微生物指标应符合细菌总数$\leqslant 5\times 10^6$ CFU/克、大肠菌群$\leqslant 5\times 10^4$ MPN/100 克、霉菌$\leqslant 4.5\times 10^4$ CFU/克、沙门氏菌$\leqslant 1\times 10^3$ CFU/25克。《饲料辐照杀菌技术规范》中对辐照前沙门氏菌的要求则更为严格，为"不得检出"。两项标准还规定了宠物食品辐照后的感官指标符合辐照前的要求，即辐照处理不能改变宠物食品的感官品质。

宠物食品辐照加工标准的制定、颁布实施，为政府监管部门提供了执法依据，成为宠物食品生产企业、辐照加工企业头上的"紧箍咒"，督促它们严格按照要求控制宠物食品生产、保障加工质量，确保为宠物朋友们送上安全的口粮。

第13章

辐照在食品领域的其他应用

前面章节对辐照在食品保鲜、杀虫、杀菌等方面做了非常详尽的介绍,本章介绍一下辐照在食品领域的其他应用。

辐射育种——新品种的培育

炎热的夏天,甜蜜解渴的西瓜成了人们餐桌上的常客,但是最初的西瓜并不是现在这个口感,它们既不甜也不红,经过了一次又一次的"驯化",才成了现在美味可口、品种繁多的西瓜。西瓜经过"驯化"越来越好吃的过程涉及了两个概念,遗传与变异。遗传是亲代将基因传递给后代,使后代获得亲代遗传信息的现象,比如西瓜的下一代还是西瓜。但是亲代和后代间是不会完全相同的,总会存在多多少少的差异,也就是变异,这也是西瓜品种繁多的原因。通过遗传,物种可以延续,而变异则使物种不断进化。两句简单的俗语可以帮助我们更好地理解遗传与变异,"龙生龙,凤生凤,老鼠儿子会打洞",说明遗传是相对稳定的,不轻易改变;"一母生九子,九子各异",则说明了变异的存在。变异的存在为我们改良生物品种提供了可行性,但是在自然条件下，各种外界环境变化小，生物的遗传结构相对稳定，通常发生较大变异的可能性比较低。有时候需要在人为的条件下利用物理、化学等外在因素诱发生物体产生突变，从中选择符合要求的新品种，辐射育种就是其中一种方法。作为一种物理诱变育种方法，辐射育种已经广泛地应用于生物体新品种的培育中。

新品种培育让水稻不再只有绿色

辐射育种本质上是利用电离辐射处理生物引起突变，辐射类型包括 X 射线、γ 射线、中子、紫外线、质子等。漫威漫画里面绿巨人之所以变为绿色怪物，就是因为在一次意外中被大量射线辐射，导致身体产生了变异。但漫画归漫画，现实生活中任何生物都不能接受过高强度的辐射。这里所说的辐射育种，都是在一定范围内进行的，过高的辐射剂量通常都会造成生物死亡。

世界上最早的辐射诱变是在 1927 年，美国昆虫学家穆勒发现 X 射线能使果蝇发生多种类型的突变，开启了世界辐射诱变研究的热潮。世界上第一个辐射诱变育成的植物新品种产生于1934 年，印度尼西亚植物学家托勒纳尔利用 X 射线处理烟草，育成了烟草优良新品种。从 20 世纪 50 年代开始，美国、苏联、日本和西欧的一些国家率先开展辐射育种研究,到 50 年代后期,我国也开始了辐射育种的研究。1969 年,联合国粮农组织和国际原子能机构联合处(FAO/IAEA)开始举办国际植物诱变育种培训班,希望可以向全世界推广辐射诱变育种技术。从 20 世纪 70 年代开始,辐射育种得到了迅速发展,在国际原子能机构登记的辐射诱变育成的新品种也快速增长,从 1972 年的 80 个,到 70 年代末的 518 个,再到 2000 年的 2 251 个。截至 2022 年 1 月,全世界登记注册的辐射诱变的品种已经高达 3 000 多个(数据来自 https://mvd.iaea.org/)。

我国大规模辐射育种研究工作的开展比国外晚了 30 年左右,由于特殊的历史原因,20 世纪 60—70 年代,我国辐射育种发展极为缓慢。到了 20 世纪 80 年代逐渐恢复了发展,经过几代从事辐射育种科研工作者们的辛勤努力,已经取得了可喜的成果。到 2008 年,我国植物辐射诱变育成的新品种有 623 个,占了世界上辐射诱变育成新品种的 26.85%,主要是水稻、小麦、玉米等大宗农作物,油菜和大麦也有辐射诱变品种报道。为清晰起见,部分辐射诱变育成的优良品种列于下表。

表 部分辐射诱变育成的优良品种

作物	品种名称	选育单位	审定编号
水稻	浙辐 802	浙江大学、浙江省余杭市农业科学研究所	GS 01003—1989
水稻	Ⅱ优 838	四川省原子核应用技术研究所	国审稻 990016
水稻	浙辐 910	浙江大学、浙江省余杭市农业科学研究所	浙品审字第 203 号
水稻	新稻 12 号	河南省新乡市农业科学研究所	豫审稻 2004005

（续表）

作物	品种名称	选育单位	审定编号
水稻	威优辐 26	湖南省杂交水稻研究中心、华联杂交水稻开发公司	湘品审第 74 号
小麦	龙辐麦 20	黑龙江省农业科学院作物育种所	黑审麦 2012003
小麦	新春 37 号	新疆农业科学院核技术生物技术研究所	新审麦 201201
小麦	扬辐麦 5 号	江苏里下河地区农业科学研究所、江苏金土地种业有限公司	皖审麦 2011013
玉米	龙育 12	黑龙江省农业科学院草业研究所	黑审玉 2014017
玉米	龙辐玉 9 号	黑龙江省农业科学院草业研究所	黑审玉 2014038
油菜	浙油 80	浙江省农业科学院作物与核技术利用研究所等	浙审油 2015003
大麦	扬啤 4 号	江苏里下河地区农业科学研究所	苏鉴大麦 201103

除农作物外，辐射育种也可以用在微生物的选育上。可能有人会奇怪，为什么微生物也需要选育呢？其实微生物与我们的生活息息相关，很多食品的生产都离不开微生物。我们通常吃的面包需要酵母菌的发酵，酸奶需要乳酸菌发酵，酱油和醋生产需要多种微生物共同作用。为了降低生产成本、提高生产效率和质量，同样需要寻找更为优良的微生物菌株。前面章节讲了很多辐照食品杀菌的内容，辐照对微生物的作用因剂量大小而有所不同。辐照既可以对微生物进行控制，将食品中有害的微生物杀

灭,比如前面提到的即食菜肴、小龙虾、泡椒凤爪等的辐照灭菌;也可以利用辐射诱变对微生物进行改良,将有益的微生物变得更加优良,这部分的辐照剂量远远低于食品辐照杀菌的剂量。辐照对微生物的控制与利用,可以通过对辐照剂量的把控而达到目的。

说到辐射育种,你可能会想到航天育种。航天育种是利用太空特殊环境,即高真空、宇宙高能离子辐射、宇宙磁场等的作用育种,其实也是利用了辐射诱变的原理。20 世纪 80 年代中期,美国人带着番茄种子去了太空,种子在太空待了长达 6 年之久。回到地球后,科学家尝试着种植太空番茄种子,发现长出了无毒、可食用的变异番茄。此后,中国、俄罗斯相继将作物种子送到太空,开启了航天育种的篇章。

我国是世界上最早开始研究航天育种的国家之一,也是世界上拥有返回式卫星技术的三个国家之一。1987 年 8 月 5 日,我国第一次将水稻、青椒等作物种子搭载在返回式卫星上送上了太空。返回地面后,科学家对这些植物的遗传性进行研究,意外发现有极个别的种子发生了一些遗传变异,此后,我国开始了漫长的航天育种之路。目前利用航天育种培育出的新品种主要是水稻、小麦、大豆等大宗农作物,也有航天育种选育的蔬菜品种。为清晰起见,同样用表格列举了部分航天育种育成的优良品种。

表　部分航天育种育成的优良品种

作物	品种名称	选育单位	审定编号
水稻	花香 4016	四川省农业科学院生物技术核技术研究所	渝审稻 2011002

（续表）

作物	品种名称	选育单位	审定编号
水稻	花优 926	四川省农业科学院水稻高粱研究所	滇审稻 2013009
水稻	泸优 908	四川省农业科学院生物技术核技术研究所等	川审稻 2012006
水稻	川谷优 908	四川省农业科学院生物技术核技术研究所等	川审稻 2015014
水稻	天优 173	华南农业大学国家植物航天育种工程技术研究中心等	粤审稻 2011046
小麦	鲁原 502	山东省农业科学院原子能农业应用研究所、中国农业科学院作物科学研究所	国审麦 2011016
小麦	郑麦 3596	河南省农业科学院小麦研究所	豫审麦 2014002
小麦	烟农 836	山东省烟台市农业科学研究院	国审麦 2013019
大豆	合农 61	黑龙江省农业科学院佳木斯分院	国审豆 2010001
大豆	金源 55 号	黑龙江省农业科学院黑河分院	国审豆 2013001

　　看到这里，有些人可能会认为种子只要随便辐照一下，或是去太空待一段时间，就可以产生新的优良品种。其实不然，新品种的发现是一个非常复杂的过程，育种工作者为此付出了大量心血与劳动。因为辐射育种和航天育种对种子诱变的方向都是不确定的，种子经过诱变后可能会产生变异，但这种变异的结果不能预测，而且大部分的变异都不是我们所需要的。所以对种子进行辐射或是航天诱变后，经过科学家的不断选育，才能得到

我们想要的品种。以广东省农业科学院的"太空花生"为例，花生种子回到地球后，这些种子出现了不同的情况，有的直接死亡，有的没有任何变化，有的植株甚至变矮、变小，在长达8年的育种之后，才得到了3个优良品种。因此，大家在新闻、杂志、书籍上看到的太空作物、辐照作物的增产、创收的报道，背后都有无数科学家的不懈努力和艰苦研究。

辐射育种到底是怎样使生物发生变异的呢？其根本原因是电离辐射导致生物体的DNA损伤，生物体为了继续活下去会对自己的遗传物质进行修复，在这修复过程中就可能产生与原版不一致的错误，从而导致变异出现。大家可能还会有一个疑问，这辐射诱变出来的东西还能吃吗？对我们身体会有害吗？实际上经过辐射和太空育种出来的花生还是花生，水稻还是水稻，这个物种的本质并没有发生变化。辐射育种只是通过辐射加速本来可能需要几百年、甚至几千年的自然变异过程。这些农作物、微生物在自然环境中也会发生变异，在我们常规育种方法里面，也包括了自然变异选择育种和杂交育种，其中自然变异选择育种就是在1个或是多个品种中选择出优良的自然变异品种来进行培育。另外，新的农作物品种在正式种植前，都需要经过省内的区域实验和国家的区域实验才能通过审定，这过程中会对多项指标进行测定来保证这个农作物的安全。还有人可能会好奇，辐射诱变育种和转基因育种有什么区别吗？这两种方法的最大区别就在于有没有不属于该种植物本身的其他基因被插入进去。辐射育种只是利用辐照方法促进自身的基因变异，而转基因是通过创伤将其他基因注射到细胞内或采用细菌感染的方式，使外源的基因进入。这里做一个简单的比喻，一个品种的水稻，它本身的基因有5个，代号分别是1、2、3、4、5，这5

个基因就如一个家庭的五兄弟,是有长幼顺序的,正常时兄弟间手拉手从大到小排列,是 1 - 2 - 3 - 4 - 5,辐射诱变育种处理后水稻的基因链断裂,兄弟间重新牵手排队,如果排队顺序出错,可能就不是 1 - 2 - 3 - 4 - 5,而是 1 - 4 - 3 - 5 - 2 或是其他排序,这样变异就产生了。但是转基因育种就不同,是要在五兄弟排序的队伍里插入外源基因,五兄弟变成了六兄弟或更多,所以辐射育种和转基因育种有着本质的区别。

废水处理——环境保护的新方向

水是生命的源泉,是人体需要的重要成分,人类的一切生命活动一时一刻也离不开水。随着人口增加和工业发展,世界对水的需求量越来越大,水资源短缺的矛盾日益尖锐。但地球上的淡水资源并不丰富,而且随着人类社会生产活动的多样化,水污染越来越严重。水污染对我们的影响有多大呢? 可以举个例子来说明。1956 年,日本熊本县水俣镇一家氮肥公司排放含汞的废水,汞在鱼类中累积,爱吃鱼的猫首先被发现中毒,它们发疯痉挛,跳海自杀,尔后出现了与猫症状相似的病人。1991 年,日本环境厅公布的中毒人数仍有 2 248 人,其中死亡 1 004 人。

正因为水污染的巨大危害性,世界各国对于污染物运行排放的标准越来越严格,回用水要求也在提高,废水的处理问题引起了广泛的重视。辐照技术可以应用在环境污染物的处理中,辐照对废水处理的原理可以说是"双管齐下",一方面通过高能射线与污染物直接作用,另一方面还与水分子作用产生自由基,对水中污染物产生间接作用,达到去除污染物、净化水体的效果。

辐照在废水处理上的应用最早可以追溯到 1956 年,有科学家用钴-60作为辐照源研究污水净化,这个时候辐照的主要目的是用于废水杀菌消毒。20世纪60年代,辐照技术对水处理的研究应用进一步拓展,包括了自然水体消毒、污泥处理和去除废水中有机物等多个方面。20世纪70—80年代,辐照处理废水主要处于实验室研究阶段,90年代则发展到了中试装置研究。1994年,美国迈阿密建立了辐照污水处理的研究性工厂,标志着电离辐射技术在环保领域的研究进入了规模化和工业化的阶段。1997年,韩国大邱建立了世界上第一座商业化运作的电离辐照水处理装置。我国将辐照技术应用于环境保护的研究起步比较晚。2017年,我国首个电子束辐照处理工业规模印染废水示范工程在浙江省金华市正式启动运行,标志着我国电子加速器应用也进入了环境保护领域。

农药残留处理——农产品安全的保障

在农产品生产过程中完全不使用农药是不可能的,用农药控制病虫草是确保农产品丰收的一个必要措施,所以世界各国都存在着不同程度的农药残留问题。各国对农药残留也是有限量标准的,只要没有超过安全限量,就认为是安全的。所以寻找有效的方法将农产品中的农药残留降低到安全标准是农产品质量安全工作的重要任务。

限制农药使用、合理使用农药是目前降低农药残留的主要措施,研究发现,辐射降解也是降低部分农药残留的一种方法。不少科学家对辐照降解不同农药进行了研究,发现电子束辐照可降解水样和草莓中的异菌脲和腐霉利;高能电子束辐照还可以有效降低毒死蜱、三环唑、乐果、氯氰菊酯、敌敌等杀虫剂和除草剂的含量。γ射线辐照可降解水溶液和苹果汁中的多菌灵、水溶液中的吡虫啉稀释等；γ射线还可以有效降低肟菌酯、啶酰菌胺、氟吡菌酰胺、吡唑醚菌酯、腈菌唑、嘧菌环胺、嘧霉胺、烯酰吗啉（Z式）等杀菌剂的含量。除了这些之外，科研工作者们还发现γ射线和电子束可以降低菊酯类农药残留含量。辐照降解农药残留的原理与污水处理基本一致，但目前降解农药残留还处于研究阶段，实用性还有待技术提高。因为辐照降解农药残留的剂量要求比较高，而且农药残留降解后形成的产物的安全性也需要大量科学研究评估。

稳定同位素溯源——造假食品的克星

这里先简单地给大家解释一下"同位素"这个词，同位素是指一组核素，在化学周期表上的位置是同一个，这些核素具有相同质子数，但中子数不同，相互间互称为同位素。例如自然界中碳元素有 6 种同位素，常见的主要有 3 种，就是^{12}C、^{13}C 和 ^{14}C。同位素一般有两种基本类型，稳定同位素和不稳定同位素，稳定同位素没有放射性，不会造成二次污染，很早就有学者对它进行研究、开发和利用，前面提到的^{12}C、^{13}C 就是稳定同位素。生物体是由各种化学元素组成的，由于气候、环境、生物代谢类型等因素的影响，生物体内的各种稳定同位素以不同的比值分配存在，而且不同来源的动植物体内稳定同位素的相对比例也存在差异，这些差异可以真实地反映生物体的特征及其所处的环境状况，所以可以通过检测稳定性同位素，将不同种类、品种以及不同产地和条件下的物种来源进行区分，这已成为食品安全领域不可或缺的一种检测技术。

首先,稳定同位素可以用于农产品真假的辨别。比如蜂蜜一般可以加入廉价的糖来进行造假,获得较大的利润。针对蜂蜜掺假的乱象,我国在 2002 年制定了相关标准《GB/T 18932.1—2002 蜂蜜中碳-4 植物糖含量测定方法稳定碳同位素比率法》。葡萄质量好坏年份出产的葡萄酒价格差别非常大,但是酒年份的鉴别十分困难,有研究表明,$\delta^{18}O$ 值与气候和地理相关性较高,该值能用于区分葡萄酒的年份。此外,还可以对有机农产品与普通农产品进行区分,例如当有机养殖牛肉碳-13 的 δ 值上限为 -20% 时,就可判定为有机牛肉。

　　其次,稳定同位素可以用于农产品溯源,农产品产地溯源研究包括植物源性和动物源性的产地溯源。植物源性的产地溯源研究主要应用于蜂蜜、葡萄酒、谷物等。植物在它生长和代谢过程中,会与环境中的物质进行交换,而且容易受到光照强度、温度、降雨量等气候因素的影响。动物源性农产品产地溯源研究主要应用于牛肉、羊肉、奶类、水产品。动物通过饮食和呼吸与外界环境进行物质交换,导致植物和空气中稳定同位素丰度的差异转移到动物体内,造成动物源性农产品中稳定同位素比值的差异,以此对动物源性农产品产地进行溯源。δ^2H 值、$\delta^{18}O$ 值是产地溯源中两个常见的技术指标,分别表示研究样本中 ^2H、^{18}O 与各自对应的同位素 ^1H、^{16}O 的比例关系。

　　稳定同位素技术在追溯农产品真实性和地理溯源方面是非常有用的分析工具,也已成功应用于部分农产品的研究中。但是,它也有一定的局限性,比如难以区分地理距离差异小的农产品产地,不能反映气候或地质结构相似区域的产品的实际情况等。今后可以加强农产品溯源方面的研究,并结合其他溯源技术,推动我国食品安全追溯制度体系的建立与完善。

第 **14** 章

食品辐照的发展及展望

　　食品辐照技术是由原子能和食品科学学科交叉发展而来的食品加工技术,涉及食品科学与工程、辐射物理与化学、食品化学、食品微生物学、食品毒理学、经济学和社会学等领域。食品辐照作为一项新型的食品保藏技术,对食品工业的发展有着极深的影响。回顾食品辐照技术的发展史,我们可以发现,辐照技术同其他技术的发展一样,从无到有,日趋完善。

食品辐照百年发展史

　　食品辐照技术的发展历史可以追溯到 100 多年前,以人类发现 X 射线和铀的天然放射性为开端,先后经历了放射性现象的发现、辐射化学和生物效应研究、辐照加工工艺研究、辐照食品的卫生安全性评估、食品辐照的加工工艺研究、食品辐照的技术经济可行性研究、食品辐照市场开发和商业化应用等过程,大体经历了以下四个发展阶段。

　　1) 食品辐照技术的开创阶段(1895—1949 年)

　　食品辐照保藏的原理是基于辐照杀虫杀菌和抑制生物生

长,因此食品辐照保藏的历史可以追溯到 X 射线和天然放射性的发现。1895 年德国物理学家伦琴发现 X 射线,1896 年法国科学家贝可勒尔发现铀的天然放射性,揭开了人类利用原子能的序幕。1898 年人类第一次观察到 X 射线对病原细菌有致死作用。1899 年证实了 X 射线对寄生虫有致死作用。1916 年研究者发现 X 射线能使昆虫烟草甲产生不育效应。这些早期的研究结果增加了人们对射线的生物效应和遗传效应的认识,引发了利用射线辐照保藏食品的研究,科学家提出了辐照技术在食品中应用的设想。

英国人 J. Appleby 和 A. Banks 提出应用 α 射线、β 射线和 γ 射线处理食品,并于 1905 年获得英国专利(英国专利 1609 号),1918 年 D. C. Gillett 获得美国专利"应用 X 射线保存有机物料",这是辐照技术用在食品上最早的两个专利。1921 年美国农业部 B. Schwartz 提出应用 X 射线灭活猪肉中旋毛虫。1930 年德国工程师 O. Wust 提出保存在容器中的各类食品均可以应用 X 射线杀菌。1943 年美国麻省理工学院 B. E. Proctor 博士首先进行应用射线处理汉堡包的研究。随着脉冲电子加速器的出现,1947 年 A. Brasch 和 W. Hubr 开始应用脉冲电子辐照食品,报道了高能电子脉冲对肉类和其他一些食品的消毒作用,但同时发现辐照会有异味产生,在此基础上提出低温和无氧条件可以大大降低辐照异味产生的概率。与此同时,美国麻省理工学院 J. G. Trump 和 R. J. van de Graaff 开发出新的电子加速器,开始研究辐照对食品和生物材料的效应。

1951 年美国麻省理工学院食品技术系 B. E. Proctor 博士和 S. A. Goidblith 博士联合发表了一篇综述,对这一时期食品辐照研究工作进行了评述。由于原子能在 20 世纪 50 年代以前主要用于军事目的,加上人力和财力所限,缺乏大功率的 X 射线机和大的辐照源,食品辐照的研究不够深入,实际上处于研究的初级阶段,只是考虑辐照技术有没有杀菌杀虫的效果,研究还不针对实际应用的情况。

2)食品辐照技术研究和开发阶段(1950—1969 年)

随着第二次世界大战的结束和各国技术经济条件的进步,原子能的和平利用成为各国关注的问题之一。1953 年美国总统艾森豪威尔向联合国提出了"和平利用原子能计划(Atom for Peace Program)"。1955 年在日内瓦召开了第一届世界和平利用核能大会。1957 年成立了国际原子能机构(IAEA),负责组织协调核能的和平利用和核安全的监督工作。在国际和平利用核能的大背景下,这一阶段在食品辐照领域主要开展了辐照杀虫、辐照杀菌、抑制发芽、延长食品货架期的适宜条件的研究,研究内容涉及辐照剂量、产品成熟度、包装材料、温度和气体的影响等。

1950 年美国原子能委员会(USAEC)组织了电离辐射保藏食品的联合研究项目,钴-60 辐照源和电子加速器开始应用于食品辐照保鲜的研究。美国军方在 1953—1960 年支持了低剂量和高剂量辐照应用研究,重点开展肉类产品的辐照杀菌研究,目的是用辐照产品替代罐头食品和冷冻产品。1961—1962 年美国军方在马萨诸塞州(Massachusetts)Natick 建立了食品辐照实验室,并很快成为食品辐照研究的国际中心。1950 年英国设在剑桥的低温研究实验室开展了电离辐射对食品效应的研究,随后在英国原子能研究院的 Wantage 研究室开展了食品辐照研究。

20 世纪 50 年代中后期,法国、比利时、丹麦、西德、荷兰、意大利、英国、加拿大、美国、印度、日本、孟加拉国、中国、阿根廷、秘鲁、乌拉圭、智利、苏联、波兰、匈牙利等国均进行了辐照食品和农产品的研究,包括禽肉、水产类 50 多种、果菜 40 多种、香料调味品 50 多种。1957 年西德开始了一种香辛料的商业化辐照,但在 1959 年因新的国家食品法禁止食品辐照而停止应用。1958 年苏联卫生部首次宣布批准了利用钴-60 辐照源以 100 戈瑞剂量辐照马铃薯,成为世界上第一个批准辐照食品供人消费的国家。美国国会 1958 年通过法案,将食品辐照列为食品添加剂,允许了辐照技术在食品上的应用,但从后来的发展看,这个将辐照定位为添加剂的决定对食品辐照产生了长期的负面影响。

加拿大 1960 年批准了抑制土豆发芽的辐照商业化应用。1965 年加拿大蒙特利尔新土地产品有限公司开始了钴-60 辐照土豆的商业化应用,达到年辐照量 15 000 吨的规模。1963 年美国首次批准高剂量辐照的罐头牛肉上市。1965 年在国际原子能机构和联合国开发计划(UNDP)的支持下,土耳其在其港口城市伊斯肯德伦建立了粮食作物的辐照装置,但由于没有拿到土耳其政府的运行许可证,该辐照装置在 1968 年被关闭。

1966 年在西德卡尔斯鲁厄召开了第一届国际食品辐照研讨会,共有来自 28 个国家的代表出席了会议,交流了各国在食品辐照方面的研究进展。1969 年在日内瓦召开了 FAO/IAEA/WHO 联合专家委员会,讨论了"辐照食品的卫生安全性和推广应用问题",会议暂定批准辐照小麦及其制品和马铃薯供人食用。这是辐照食品的卫生安全性第一次得到国际组织的暂定认可,对推动食品辐照在国际范围的研究起了积极的作用。

总的看来,20 世纪 50 年代和 60 年代公众对食品辐照持积极态度,尽管食品辐照在这一阶段的发展遇到了一些问题,但食品辐照技术还是得到了广泛关注,并进行了一定规模的研究和示范工作。由于卫生主管部门对食品辐照的商业化不持积极态度,在这一阶段仅有苏联、加拿大和美国共计批准 5 种食品进入市场。

3) 辐照食品卫生安全性和技术经济可行性研究阶段(1970—1988 年)

20 世纪 70 年代以来,食品辐照技术研究不断深入,使食品辐照技术逐步发展成熟,并基本具备了商业化的条件。但 20 世纪 70 年代国际上掀起的反核运动,对核能和平利用带来了负面的影响,并在一定程度上影响了食品辐照的发展,使食品辐照技术不得不面对公众的偏见、媒体的误导和食品卫生部门的严格控制,这个阶段各国的食品加工部门和食品贸易部门对辐照食品技术均持观望和消极的态度。鉴于辐照食品的安全性问题已成为制约食品辐照技术商业化发展的主要障碍,一些国际组织和各国政府更加重视辐照食品卫生安全性问题,从而加强了辐照食品卫生安全性的研究。

1970 年联合国粮农组织(FAO)、国际原子能机构(IAEA)、经济合作与发展组织(OECD)共同发起了辐照食品国际项目(IFIP),开始有 19 个国家,随后增加到 24 个国家参加了该研究项目。世界卫生组织(WHO)后来也参与了该项目的咨询工作。该项目的研究内容包括长期的动物饲养实验、短期的分析对比实验和 1 万戈瑞以下剂量辐照对食品成分变化和营养的影响,项目的研究结果成为辐照食品联合专家委员会(JECFI)评估辐照食品卫生安全性的重要依据。

1972 年 11 月 13 日至 17 日,FAO/IAEA/WHO 在印度孟

买联合召开了第二次大型国际辐照食品保藏专业会议,参加会议的国家由 1966 年的 28 个增加到 55 个,其中发展中国家明显增加。1976 年,JECFI 首次阐明食品辐照同热加工与冷藏一样,实质上是一种物理过程,明确表明在评价辐照食品卫生安全性时,涉及的问题应该与评价食物添加剂、食品污染时遇到的问题区别开来。该委员会同年审查并批准 8 种(类)辐照食品可供人类消费,其中无条件批准了小麦及其制品、马铃薯、鸡肉、番木瓜、草莓的辐照,暂定批准了洋葱、鳕鱼、鲱鱼和大米的辐照。

1980 年,JECFI 在日内瓦再次召开会议,讨论辐照食品卫生安全性问题。与会专家根据长期的毒理学、营养学和微生物学资料以及辐射化学分析结果,提出"任何食品辐照保藏,其平均吸收剂量最高达 1 万戈瑞时,不会有毒害产生,用此剂量处理的食品可不再要求做毒理学试验"。这个结论是食品辐照技术应用的重大突破,对推动食品辐照的发展具有里程碑式的意义。

1983 年,国际食品法典委员会(CAC)通过《辐照食品通用国际标准》和附属的技术法规,对推动辐照食品的发展起到巨大的作用,对辐照食品以后的发展产生了重大影响。联合国粮农组织、国际原子能机构、世界卫生组织 1984 年成立了辐照食品国际顾问小组(ICGFI),该机构有 46 个成员国参加。ICGFI 的主要职能是评估全球食品辐照领域的发展状况,出版有关辐照食品安全性研究、辐照设施控制、辐照食品商业化、食品辐照法规、辐照食品接受性研究的有关材料,举办各类食品辐照培训班,并建有介绍食品辐照的网站(www. iaea. org/icfgi)。ICGFI 在推动食品辐照技术在全球的认可上发挥了重大作用,虽然小组在 2003 年结束了服务,但还有不少人倡议恢复 ICGFI 这个交流指导食品辐照技术应用的平台,以推动辐照技术的发展。

辐照技术——食品的安全卫士

1988 年 12 月,IAEA/FAO/WHO 以及联合国贸易发展会议和关税总协定下属国际贸易中心（UNCTAD/GATT/ITC）在日内瓦联合召开了辐照食品接受、控制及贸易国际会议,制定了有关辐照食品接受、控制及在成员国之间进行贸易的文件,评价辐照加工技术对于减少农产品采后损失和食源性疾病发生的作用,以及对于食品国际贸易的影响。世界卫生组织将辐照技术称为"保持和改进食品安全性的技术",并鼓励食品辐照技术在其成员国的应用。

尽管辐照食品的卫生安全性得到了国际承认,但关于辐照食品卫生安全性的疑问依然存在。为此,WHO 应其成员国的请求,成立了一个独立的专家组评估 1980 年以来辐照食品研究的结果,并对 JECFI 的评估材料进行分析。该工作小组经过大量工作,认为:"辐照食品是一项经充分研究的技术,有关辐照食品安全性的研究表明,至今没有发现辐照食品的任何有害作用。通过延长货架期、杀灭病原菌和害虫,食品辐照将有助于保障食品安全和增加食物供应。只要执行生产工艺规范,食品辐照是安全和有效的"。

在肯定了辐照食品卫生安全性的基础上,国际原子能机构和联合国粮农组织积极推动食品辐照技术经济可行性研究。日本和澳大利亚在 1985—1988 年支持了亚太地区食品辐照合作项目(RPFI),共有 12 个国家参加了该项目,并吸引了食品企业参加中试规模的试验。欧洲、美洲、非洲和中东地区的许多国家进行了食品辐照中试或技术经济可行性研究,为食品辐照技术商业化的发展奠定了基础。

4) 食品辐照法规的协调和商业化阶段(1989 年至今)

20 世纪 80 年代末,特别是 20 世纪 90 年代以来,大规模食源性病原菌导致的食物中毒事件引起了国际社会对食品安全的高度关注，食品辐照技术的应用日益受到重视，香辛料和脱水调味品的辐照在许多国家得到应用，辐照食品的数量快速增加。美国的食品加工企业在经历了对辐照食品技术的观望后，20世纪90年代以来加快了食品辐照技术的商业化，发展中国家在国际原子能机构的支持下，纷纷建立食品辐照设施，建立相应的食品辐照法规，使食品辐照技术进入了全面发展时期。

1994年乌拉圭回合多边谈判（URMTN）中卫生与植物卫生协议（ASPM）规定，从1995年起，WHO成员国如对一些符合国际标准、规格及推荐指标的辐照食品实施进口限制，必须提出充分的理由，从而在法律上消除了辐照食品国际贸易的障碍。但可惜的是，这个规定在日后的辐照食品国际贸易中并没有得到很好的执行。

1997年，FAO/IAEA/WHO高剂量食品辐照研究小组进一步评估了1万戈瑞以上的高剂量辐照对食品安全的影响。根据研究结果，该小组认为食品辐照同其他食品加工的物理方法一样，食品的卫生、营养和感官品质取决于加工的综合条件，在实际辐照操作中用于保证食物安全的剂量一般低于影响食品感官品质的剂量。因此，联合研究小组认为没有必要设定食品辐照剂量的上限，在低于或高于1万戈瑞的合理辐照工艺剂量条件下，辐照食品加工剂量由食品加工卫生要求、营养和感官品质要求的技术参数确定，没有上限限制。

1999年，FAO/IAEA/WHO的高剂量辐照食品研究小组经过长期的研究工作，在报告中明确指出了超过1万戈瑞剂量的辐照食品也是卫生安全的结论。在2000年ICGFI年会上，国际食品法典委员会（CAC）提出对任何食品的辐照，应在规定

辐照技术——食品的安全卫士

的工艺剂量范围内进行，其最低剂量应大于达到工艺目的所需要的最低有效剂量，最大剂量应低于综合考虑食品的卫生安全、结构完整性、功能特性和品质所确定的最高耐受剂量，没有上限限制。

20世纪90年代以来对辐照检疫的研究日益深入，使辐照检疫处理方法逐步得到北美植保组织（NAPPO）、欧洲植保组织（EPPO）和亚太地区植物保护委员会（APPPC）等国际组织的认可。美国农业部于1997年7月批准经辐照检疫处理的夏威夷木瓜到美国大陆销售。东盟国家于1999年在马尼拉通过了辐照检疫处理新鲜水果和蔬菜的草案。2002年美国农业部正式批准了进口水果和蔬菜的植物卫生辐照处理法规，使美国成为世界上第一个批准食品国际贸易检疫处理的国家，推动了其他国家对利用辐照检疫替代熏蒸检疫处理方法的重视。

2003年5月5日至7日，在美国芝加哥召开了第一届世界食品辐照大会，共有来自22个国家的食品辐照研究机构、政府部门、食品加工企业、食品贸易组织、餐饮企业、消费者组织的代表出席了会议，交流了食品辐照在法规协调、辐照设施建设、辐照检疫、辐照食品商业化和国际贸易等方面的进展，讨论了辐照食品面临的机遇和今后发展的方向。会议推动了食品辐照和贸易在全球的发展。

2003年7月，国际食品法典委员会（CAC）在意大利罗马召开了第26届大会，会议通过了修订后的《辐照食品国际通用标准》（CODEX STAN106—1983，Rev. 1—2003）和《食品辐照加工工艺国际推荐准则》（CAC/RCP19—1979，Rev. 1—2003），从而在法规上突破了食品辐照加工中1万戈瑞的最大吸收剂量的限制，允许在对食品结构的完整性、功能特性和感官品质不产生负面作用和不影响消费者的健康安全的情况下，食品辐照的最大剂量可以高于1万戈瑞，以实现合理的辐照工艺目标。

随着食品辐照安全性的评估完成，辐照在食品安全和植物检疫方面国际标准的建立等基础工作的完成，国际原子能机构也推出一系列技术援助项目，支持辐照技术在全球的应用和推广。每两年到三年举办一次的辐照加工国际会议（IMRP）成为全球交流食品辐照新技术、各国食品辐照法规标准及新产品研发的重要交流平台。

助力安全，辐照技术值得更多期待

回顾食品辐照技术的百年发展史，由于"辐照"本身的敏感性，相比冷冻、微波等其他食品安全技术，食品辐照技术的应用研究更加深入全面，这些研究结果为食品辐照在全球的发展打下了很好的理论基础。

毒理实验、动物试验、人类试吃试验，科学家从各个层面上已证明辐照处理的食品没有致癌、致畸和致突变等问题。随着宣传的深入，逐步打消了企业应用这项技术的顾虑，提高了消费者的接受性。因此，影响食品辐照技术商业化应用的因素就只有是否有经济可行性这一个考量指标了。目前辐照食品在全球已经进入了商业化阶段，食品辐照技术在保障食品卫生安全和检疫处理两大领域都得到了广泛的应用。

利用辐照技术控制香辛料和脱水蔬菜的微生物含量，是食品辐照中应用最广泛的领域，已经在全球各国批准应用。利用辐照技术抑制大蒜及土豆等农产品发芽、控制冷冻水产品微生物在东南亚均有规模的商业化应用；生肉制品如牛肉饼的辐照在美国已应用多年；利用辐照技术杀灭肉制品中致病微生物并延长货架期在中国应用也越来越多。

随着钴源装源能力的增加和电子加速器的应用，可以在短时间内满足较大剂量的辐照，从技术上可以支持中高剂量的辐照。这有助于推进辐照技术在长货架期食品（如军用食品、航天食品等）、应急救灾食品、特殊食品（如特殊患者食品）等方面的应用，解决这些食品的杀菌技术需求。

食品辐照已发展成一个产值巨大的行业，利用辐照杀菌和抑制发芽的食品每年约有 120 万吨，辐照检疫也已经在全球十多个国家应用。但食品辐照技术在全球的发展还很不平衡，每年 120 万吨辐照食品中我国约占总量的一半以上，美国则是主要的辐照热带水果进口国。推广食品辐照技术应用，减少国际贸易之间的障碍，推动人们对辐照技术应用的接受性将是一个长期的任务，这也昭示了食品辐照技术的发展前景可期。